顾问　义务教育数学课程标准修订组组长
北京师范大学教授　曹一鸣

不一样的 数学故事书

奇妙数学之旅

探秘蚂蚁王国

一年级适用

主编：禹　芳　王　岚　孙敬彬

U0166783

华语教学出版社

图书在版编目（CIP）数据

奇妙数学之旅.探秘蚂蚁王国/禹芳,王岚,孙敬彬主编.—北京：华语教学出版社,2024.9

（不一样的数学故事书）

ISBN 978-7-5138-2527-6

Ⅰ.①奇… Ⅱ.①禹…②王…③孙… Ⅲ.①数学—少儿读物 Ⅳ.①O1-49

中国国家版本馆 CIP 数据核字（2023）第 257648 号

奇妙数学之旅·探秘蚂蚁王国

出 版 人	王君校
主 编	禹 芳 王 岚 孙敬彬
责任编辑	徐 林 谢鹏敏
封面设计	曼曼工作室
插 图	天津元宇宙设计工作室
排版制作	北京名人时代文化传媒中心
出 版	华语教学出版社
社 址	北京西城区百万庄大街 24 号
邮政编码	100037
电 话	（010）68995871
传 真	（010）68326333
网 址	www.sinolingua.com.cn
电子信箱	fxb@sinolingua.com.cn
印 刷	河北鑫玉鸿程印刷有限公司
经 销	全国新华书店
开 本	16 开（710×1000）
字 数	88（千） 8.25 印张
版 次	2024 年 9 月第 1 版第 1 次印刷
标准书号	ISBN 978-7-5138-2527-6
定 价	30.00 元

（图书如有印刷、装订错误，请与出版社发行部联系调换。联系电话：010-68995871、010-68996820）

《奇妙数学之旅》编委会

主 编

禹 芳　王 岚　孙敬彬

编 委

沈 静　沈 亚　任晓霞　曹 丹　陆敏仪　贾 颖

周 蓉　袁志龙　周 英　王炳炳　胡 萍　谭秋瑞

魏文雅　王倩倩　王 军　熊玄武　尤艳芳　杨 悦

　　学好数学对于学生而言有多方面的重要意义。数学学习是中小学生学生生活、成长过程中的一个重要组成部分。可能对很多人来说，学习数学最主要的动力是希望在中考时有一个好的数学成绩，从而考入重点高中，进而考上理想的大学，最终实现"知识改变命运"的目的。因此为了提高考试成绩的"应试教育"大行其道。数学无用、无趣，甚至被视为升学道路上"拦路虎"的恶名也就在一定范围、某种程度上产生了。

　　但社会上同样也广为认同数学对发展思维、提升解决问题的能力具有不可替代的作用，是科学、技术、工程、经济、日常生活等领域必不可少的工具。因此，无论是为了升学还是职业发展，学好数学都是一个明智的选择。但要真正实现学好数学这一目标，并不是一件很容易做到的事情。如果一个人对数学不感兴趣，甚至讨厌数学，自然就不会认识到学习数学的好处或价值，以致对数学学习产生负面情绪。适合儿童数学学习心理特点的学习资源的匮乏，在很大程度上是造成上述现象的根源。

　　为了改变这种情况，可以采取多种措施。《奇妙数学之旅》

这套书从儿童数学学习的心理特点出发，选取小精灵、巫婆、小动物等陪同小朋友一起学数学。通过讲故事的形式，让小朋友在轻松愉快的童话世界中，去理解数学知识，学会数学思考并尝试解决数学问题。在阅读与思考中提高学习数学的兴趣，不知不觉地体验到数学的有趣，轻松愉快地学数学，减少对数学的恐惧和焦虑，从而更加积极主动地学习数学。喜欢听童话故事，是儿童的天性。这套书将数学知识故事化，将数学概念和问题嵌入故事情境中，以此来增强学习的趣味性和实用性，激发小朋友的好奇心和想象力，使他们对数学产生兴趣。当孩子们对故事中的情节感兴趣时，也就愿意去了解和解决故事中的数学问题，进而将抽象的数学概念与自己的日常生活经验联系起来，甚至可以了解到数学是如何在现实世界中产生和应用的。

大中小学数学国家教材建设重点研究基地主任
北京师范大学数学科学学院二级教授

黄点点

一个活泼可爱的小男生，喜欢思考问题，喜欢观察动物，能够和小动物们进行交流。提起动物，他如数家珍，可以跟你聊个三天三夜！大家都叫他"动物小百科"。他喜欢蹲在路边研究蚂蚁搬家，喜欢趴在鱼缸上观察金鱼吐泡泡，更喜欢周末去动物园玩，并写下观察日记。

蚂蚁阿山

蚂蚁王国的一只小蚂蚁，是黄点点在蚂蚁王国认识的朋友。他陪伴黄点点在蚂蚁王国度过了一段美好时光。他聪明好学，和黄点点一起学习了很多数学知识。

CONTENTS 目录

🔼 **故事序言**

尾声

故事序言

　　今天是黄点点的生日，妈妈为他准备了一个主题为"动物乐园"的生日 Party（聚会）。

　　生日会上，小伙伴们有的摇着松鼠大尾巴，有的竖起了兔耳朵，有的穿着虎斑衣，有的披着 豹 纹皮……小朋友们都装扮成各自喜欢的小动物来参加黄点点的生日聚会。大家又唱又跳，又玩又闹，非常开心。

　　这时，房间突然暗了下来，门被推开，一片柔和的光线随着音乐慢慢亮起，耳边响起了熟悉而欢快的 旋 律："祝你生日快乐，祝你生日快乐……"

　　在生日歌的旋律中，黄点点的妈妈推着一个白色大蛋糕走了过来，蛋糕上有七根彩色的蜡烛，火苗像七个迷你小人儿在欢快地跳舞。

　　"黄点点，快许个愿望，吹灭蜡烛后就会心想事成！"小伙伴们说完，就边拍手边围着黄点点唱起生日歌。

　　黄点点有点儿激动，两只手不停地 搓 着。他轻轻地闭上了眼睛，许个什么愿望呢？他的脑子有些乱，很多愿望都往脑子里涌，直到——对，要是能到动物王国冒险就好了！这个想法估计很多小朋友都会有，但这个愿望能实现吗？

　　黄点点不知道，他深吸一口气，鼓起 腮 帮子，再慢慢地吹出，七根蜡烛的火苗躲闪着，跳跃着，最后一个火苗熄灭时，掌声、祝

福声响起来:"黄点点,祝你梦想成真!生日快乐!"

　　黄点点看着最后一缕白烟慢慢飘散在空中,感觉自己同那烟一样飘了起来,周围有一圈光芒,像是围着他走,又像是拉着他走,开始是慢慢的,后来就快起来了,越来越快,他好像坐上了过山车,"嗖"的一下进入了一个未知的世界……

第一章

超级游乐园
——数一数

"啊——！"

咚！

随着一声巨响，黄点点落在了一片青青的草地上，一起落下的，还有爸爸妈妈为他准备的生日礼物——一个装满了学习用具的大书包，这是为他一年级入学准备的。

他刚落地就发现身边全是蚂蚁。蚂蚁好大好多呀，里三层，外三层，围得黄点点快要 喘(chuǎn) 不过气来。好在他身体足够灵活，赶紧找了一个缝 隙(xì) ，连钻带爬地挤出来。回头一看，这个缝隙竟然比手指缝大不了多少——天哪，他也成蚂蚁了吗？

不，手还是手，脚还是脚，但细小如蚂蚁腿，原来他缩小了，小如蚂蚁！

"完工喽，完工喽！"远处传来一阵欢呼声，震耳欲 聋(lóng) ！

"怎么了，发生了什么事？"黄点点被吓了一跳，他不知道这是哪里，自己为什么变小了。

"你是新来的吧？"一位神气的蚂蚁小朋友礼貌地问道。

"是呀，这是哪里？他们为什么大声喊叫？"黄点点摸了摸脑袋，一脸 诧(chà) 异地问。

"这里是蚂蚁王国，今天是我们蚂蚁王国的特殊日子，建设了三年的超级游乐园终于完工了。"蚂蚁小朋友高兴得手舞足蹈，好像心里的快乐要溢出来似的。

黄点点看到这只开心的小蚂蚁，心情也跟着快乐起来，他一连跳了三下，不敢相信地说："蚂蚁王国？天哪，我想去动物王国，怎么来了蚂蚁王国？"

"你不喜欢蚂蚁王国吗？"小蚂蚁很吃惊，他可从没想过有人会觉得蚂蚁王国不好。

"不，不，我很喜欢。蚂蚁也是动物！"最后一句话，黄点点是用蚂蚁那么细的声音说的。

"欢迎你！今天是超级游乐园第一天开放的日子，有很多项目可以玩，就算你是最尊贵的朋友，这个招待也足够了吧？"

听到可以畅玩超级游乐园，黄点点笑得合不拢嘴。

"蚂蚁王国的游乐园会是什么样的呢？"黄点点脑子里想了几个游乐园项目，然后又摇了摇头，好像这些都不太适合蚂蚁。

"很高兴认识你，我叫阿山！你呢？"小蚂蚁说道。

"黄点点，就是'一点点大小'的点点。"黄点点正在猜游乐园里有哪些项目时，新朋友阿山向他伸出了友好的小手。

"哈哈哈，我猜你在人类世界的时候肯定不是一个小点点，而是一个小朋友，对不对？"阿山一听黄点点的名字就很开心，"我知道，名字有时候是反的，你看我，这么小却叫阿山，你比我大，却叫点点。我们名字里都藏着家人对我们的爱，对不对？"

是这样吗？黄点点之前从没想过这个，经阿山这么一说，好像真的是这样呢。他欣喜地点头说："嗯嗯，我们的名字里都藏着秘密呢。"

"名字里的秘密是我们俩共同的秘密，千万不要告诉别人。"阿山说完就捂住了自己的嘴巴，好像不这样做，那个秘密就会从他嘴里跑出来。

"秘密，保密。"黄点点也捂住嘴巴，觉得阿山真是聪明又有趣。

这时，一只身材高挑、头戴金冠、身披铠^{kǎi}甲的蚂蚁在众多蚂蚁的拥护下，缓缓地走上了主席台。

"这是谁呀？"黄点点问。

"这是我们威武的蚂蚁国王。"阿山说着露出了钦^{qīn}佩又自豪的神情。

只听蚂蚁国王一声令下，烟花纷纷往天上跑，跑到半空中，"啪"的一下就像金菊的花瓣一样散开，然后细细长长的花瓣散落下来，消失不见。烟花秀表演结束，游乐园就正式对外开放啦。

一群拿指示牌的导游蚂蚁从主席台上走下来，走进蚁群。蚂蚁们跟着这些导游纷纷进了游乐园。黄点点和阿山也一块儿走了进去，他们边走边说话，刚才的烟花好像开在他们的脸上，喜气洋洋的。

海盗船、飞天魔轮、激流勇进……哇，黄点点的眼睛根本看不过来，这里和城市里的游乐园一样，好多好玩的项目，真是太棒啦！

"阿山，你喜欢海盗船吗？"黄点点问阿山。

"我，我不敢呀！"阿山小声说着，边说边往后缩。

看着阿山的样子，黄点点也有点儿犹豫，可当他听见海盗船上大家的尖叫声和欢笑声，心里 痒^{yǎng} 痒的。

身边随处可见的 "1"

1是所有数字的开始。如果你要数一数天上的星星有几颗，没有1打头，是不是连普通的数数都不能够开始呢？在数学的世界里，1是拥有非常重要意义的数字。1是自然数最初的数字；在数值体系里，1是最基本的构成要素。"举一反三""一五一十""百里挑一""一心一意"等众多有关"一"的成语，也从不同角度告诉我们"1"的重要性和普遍性。

　　"我陪着你，我们玩什么都在一起，好吗？"黄点点用力握紧阿山的手，很肯定地说。

　　"好，我们一起去玩。"阿山受到黄点点的鼓励，变得胆大起来。

　　海盗船在一个小池塘边上，一上一下地摇晃着，摇上去的时候很安静，摇下来的时候，大家就会发出一声声喊叫，有的是快乐的呼喊声，有的是害怕的尖叫声。下面等待的游客，心也跟着海盗船一上一下地摇晃。

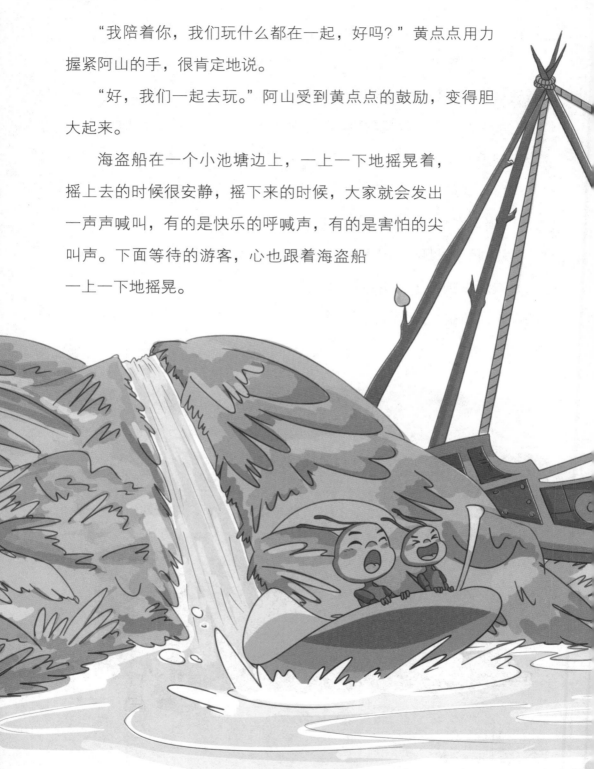

"什么时候才能轮到我们啊？"阿山竟然有点儿等不及了。

"我们来数一下，数数就能知道了！"

"怎么数？我不会呢！"阿山露出为难的表情。

"我们先数海盗船上有几个座位，再数我们队伍**前面有几只蚂蚁**。"

"1、2、3、4、5、6、7、8、9、10，哈哈，海盗船上有 10 个座位，一共 10 个座位！"阿山数一个，顿一下，数得非常认真。

"阿山，你能从 1 数到 10，待会儿奖励你坐在第一个，超级刺激哦！"

"不，不行，我不敢坐前面，我要坐在你后面！"阿山立马躲到了黄点点身后。

"嘿嘿，别怕，不管坐哪里，我都会和你一起的。"黄点点安慰阿山。阿山说："我们还是数数吧。"

"好呀，我们继续玩我们的数数游戏，除了像你刚才那样数，你还会其他方法吗？"

阿山沉默了一会儿，然后慢慢说："10、9、8、7……"阿山数一下，顿一下。阿山可爱又认真的样子，惹得黄点点很想笑，但他忍住了，他知道这时候如果笑了，阿山的胆子又会变小。他跟着阿山一起数了起来，还和阿山一样，数一下，就顿一下。

"你也会这样一个一个倒着数。"阿山笑着说。

"我不仅会一个一个正着数，一个一个倒着数，我还会**两个两个数**呢！"黄点点神气地说。

"那你赶快教教我，怎样两个两个地数！"阿山喊了起来。

黄点点捡起身边的几片树叶摆在地上，他回想幼儿园老师教自己数数的样子，然后像个小大人一样，为阿山演示起来。

"2、4、6、8、10，这样是不是很快就数完了？"黄点点说。

"我也要试试，2、4、6、8、10！"阿山虽然还是数一下顿一下，但是快了很多。

"阿山，我们在2的基础上增加2个就是4，4加2个是6，6加2个是8，8加2个就是10啦！"黄点点边用手比画边解释。

阿山一边听一边点头。

"那你现在知道了吧，我们在数数的时候，可以 1 个 1 个数，也可以 2 个 2 个数，其实我们还可以……"黄点点说到这儿，停了下来，伸出手，张开手指，朝阿山摇手。

"5，还可以 5 个 5 个数！"阿山跳起脚喊道。

黄点点在书包里摸了摸，找到了他最爱的口袋书并翻开，在上面找到了几堆香蕉图案，对阿山说："来，试着数一数吧！"

阿山清了清喉咙，用手指着香蕉说："5、10、15、20、25、30！"

"哇，你真厉害！阿山，你是我见过的最聪明的蚂蚁！"黄点点竖起了大拇指。

受到表扬的阿山超级得意。

"我们刚才数过，海盗船一次可以坐 10 只蚂蚁，现在我们再来数一数在队伍前面一共有几只蚂蚁吧。"黄点点说。

"2、4、6、8、10，正好呢，下一批就轮到我们喽！"阿山开心得一下子跳起来，和之前文静的小蚂蚁简直就是判若两人。队伍中的其

他蚂蚁好像不认识他，都用疑惑的眼神看着他。

"喂，小声点！"黄点点赶紧提醒他。

"我说的对不对？"阿山的心思还在数数上，他想了想，又觉得哪里不对劲。

"你再数一数！"黄点点笑着说。

"2、4、6、8、10，是10个吧？"看着黄点点质疑的表情，阿山有点儿不自信起来。

"你想一想，10个里面包括我们自己了吗？"黄点点很快就发现了问题，但是他没有直接说出来。

"呀，我把我们俩数漏了，下回数数时，我可得数全了，**千万不能漏了自己**！"阿山有点儿不好

意思地说。

"哈哈，你还没有上幼儿园嘛，能数数就已经很厉害了！"黄点点不是安慰阿山才这么说的，他真心觉得阿山很厉害，不，将来的阿山还会更厉害的。

"亲爱的蚂蚁先生，还有这位人类小朋友，现在轮到你们了，请跟我来，注意脚下安全，小心上船，祝你们游玩愉快！"终于轮到他们了，一位穿着制服的工作人员走了过来对他们说。真没想到，蚂蚁王国的工作人员这么专业，黄点点和阿山向他表示了感谢，然后按照他的提示登上了海盗船。

大家都系好安全带，紧紧地抓住扶手，船上的气氛，怎么说呢，好像这里不是游乐场，对，有点儿像士兵出征前的气氛，紧张而又严肃。海盗船在一片沉默中启航了。

大海中的航船，乘风破浪，一直朝前行驶。海盗船却不一样，它像个大摆钟一样，从左边向上，然后回归底部，再往右上方摆动，再回归底部。每次向上的时候，风在耳边呼呼地吹着，如果张开手臂，就像一只鸟儿一样飞翔；但向下时，身体往下了，心脏好像还停留在高空中，它们两个好像在拔河，在拉扯。这种感受好奇怪，有点儿难受，又有点儿害怕，心跳呀跳，一下子就跳到了嗓子眼儿，把所有的话都给拦住了，张大嘴巴什么话也说不出来，只有"啊啊啊——"的喊声从嘴巴里挤出来。一船的人，好像用同一张嘴巴发出同一个声音。这声音里有快乐，有害怕，有惊也有喜。

海盗船真的太好玩了！

数学小博士

名师视频课

　　来到蚂蚁王国，勇敢的黄点点带着有点儿胆小的蚂蚁阿山一起玩海盗船，在排队等候的过程中，阿山不仅学会了数数，还知道了数数的技巧呢：可以 1 个 1 个数，也可以 2 个 2 个数，还可以 5 个 5 个数，甚至更多。当然，数数的时候还要记住：不能漏了自己哦！

正着数：1、2、3、4、5…

倒着数：10、9、8、7、6…

数数的方法

2 个 2 个数：2、4、6、8、10…

5 个 5 个数：5、10、15、20、25…

智慧加油站

　　黄点点带着蚂蚁阿山学会了数数，阿山特别激动，走到哪里就数到哪里。这时，他们正好经过蚂蚁王国的幼儿园。蚂蚁老师正领着一群蚂蚁宝宝外出锻炼身体。为了防止蚂蚁宝宝丢失，蚂蚁老师一遍一遍数着。看到这个情景，阿山立马自告奋勇说让他来帮蚂蚁老师数。他从前往后数到蚂蚁老师是 5，从后往前数到蚂蚁老师也是 5，于是就说有 10 个蚂蚁宝宝。蚂蚁老师急得直摇头。那么蚂蚁老师的班里究竟有几个蚂蚁宝宝？阿山为什么会数错呢？你能在下面的点子图中标一标，哪个黑点才是蚂蚁老师吗？

温馨 小提示

　　蚂蚁宝宝和蚂蚁老师站在同一支队伍里，从前往后数到蚂蚁老师是5，说明她前面有4个蚂蚁宝宝，从后往前数到蚂蚁老师也是5，说明她后面也有4个蚂蚁宝宝，所以一共有8个蚂蚁宝宝。小朋友，你想对了吗？

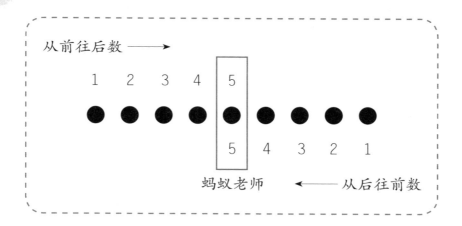

第二章

我就是比你大

——比一比

走下海盗船，黄点点和阿山都觉得头晕乎乎的，脚软绵绵的，走在地上却像走在云朵里一样。他们俩深一脚浅一脚地走着，来到了跷^{qiāo}跷板专区。

这里比海盗船那边更热闹，不过气氛好像有点儿不对劲，热热闹闹中似乎还夹杂着一股浓浓的火药味。

"阿山，我们过去看一下！"

面对前面的蚁山蚁海，黄点点拉着阿山的手用力地往前挤。这些

跷跷板

小蚂蚁的力气还真大，他们俩使出吃奶的力气才挤到了前面。

　　黄点点和阿山凑上前去，只见跷跷板的两端分别坐着数字娃娃 9 和 1。

　　9 不服气地说："你一个小家伙，做什么事总是孤军奋战，我才是集体力量的象征，所以我比你大，力气比你大，体重也比你重！"

　　1 不屑地说："哼！我们数字 1，做事情只要一心一意，就能战无不胜，而你要花九牛二虎之力才能办成，多费劲啊！"

　　两个数字娃娃用带数字的成语吵架，其他蚂蚁听了都哈哈大笑。

　　9 一点儿也不慌张，慢条斯理地说："那如果前面有一堆食物，你一个人搬得动吗？我想你肯定要回蚁穴向大家伙儿求助吧？"

　　"我横着就是一条扁担，两个人可以抬着走呀。"小 1 虽然瘦小，但他的主意可不少呢。

　　两个数字娃娃你一句我一句地争论着，他们不光身体在跷跷板上一上一下，他们的话也像跷跷板一样，一会儿你压过我，一会儿我压过你，谁也无法彻底压倒对方，看来是棋逢对手呀。

围观的小蚂蚁们也在热烈地讨论着，有的说 1 很受欢迎，有的说 9 最有本事，1 和 9 都有自己的支持者和粉丝，吵得不可开交。

吵闹中突然传来一阵"呜呜"声，黄点点和阿山抬头一看，只见树枝上挂着一个圆咕隆咚的小家伙，他的胸前挂着一个"0"字肚兜^{dōu}儿，原来是 0 啊！

"0，你怎么爬到树上去了？快下来，当心摔下来！"阿山担心地喊道。

"阿山，你很聪明，快帮我们想想办法吧，我的兄弟们正在吵架，蚂蚁王国的数字娃娃们变得不团结了呀！"0 继续呜咽^{yè}着。

这时，另外几个数字娃娃也从树枝缝里钻了出来，他们分别是 2、3、4、5、6、7、8 数字娃娃的代表，几个娃娃身上都沾满了树叶。

8 说："1 和 9 也真是不讲兄弟情义，我们数字娃娃一家本来在蚂蚁王国过得很开心，现在非得争个强弱，有意思吗？"说完，他深深地叹了一口气，一脸难过的样子。

5 也想开口争论，被 4 拉了回来："你就别添乱了吧！"

黄点点看了一会儿，明白了这里发生的事情。

"大家好，我是黄点点，是阿山的好朋友，我和阿山一起想办法解决你们的问题。"黄点点一脸认真地说。

"真的有办法吗？"数字娃娃们异口同声地问，脸上的表情迅速由阴转晴。

"你可以吗？"0 有一些不相信。

"当然可以了，他数学可厉害了！幼儿园大班都毕业了呢！"蚂蚁

20

阿山十分肯定地说。"大班毕业"这几个字让数字娃娃们一阵议论。

黄点点捡起一片黄树叶，放在手心里一卷，一个圆锥形状的喇叭就出现了："1和9，你们能听我说句话吗？"

黄点点显得有些激动，停了一会儿继续说："数字有两种用途，一种是用来**表示数量的多少**，比如1可以表示1只小蚂蚁，那么9只小蚂蚁就用9表示。这时9只蚂蚁的确比1只蚂蚁要多。"

9听了顿时眉开眼笑："小1，你听到没，我就是比你大嘛！人家大班毕业的都这样说了！"9说着，他的那个大脑袋开始得意地摇晃起来。

"9，你别着急，在表示数量多少的时候，你的确比1要大，有一个符号可以把你们紧紧联系在一起哦！"黄点点担心9太得意，再摇晃脑袋，说不定就一头倒在地上了。

"什么**符号**？"1和9居然异口同声。

"哈哈哈，你们看，兄弟就是兄弟，表情都一样！"黄点点乐了起来。

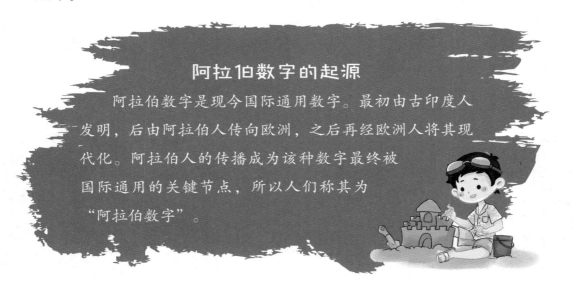

阿拉伯数字的起源

阿拉伯数字是现今国际通用数字。最初由古印度人发明，后由阿拉伯人传向欧洲，之后再经欧洲人将其现代化。阿拉伯人的传播成为该种数字最终被国际通用的关键节点，所以人们称其为"阿拉伯数字"。

　　黄点点从地上捡起一根树枝，左手拿着树枝，右手在空中比画了一下，一束阳光从树枝缝隙透过，黄点点眯了一下眼睛，他将树枝从中间对折了一下，但是并没有完全折断，而是形成了一个"V"字，他将其横过来拿给大家看。

"你们看，就是这个神奇的符号！"黄点点一边说一边把 9 和 1 拉了过来，他让 9 站在前面，1 站在后面。

"快来认识一下中间的符号吧。因为它的**大口朝前**，就叫它'大于号'；而且 9 比 1 大，所以符号的大口对着 9，连起来叫——9 大于 1。"黄点点说得很带劲，还挥了挥手说道，"来吧，兄弟俩握个手吧！"

"小 1 兄弟，你好，快叫 9 哥！" 9 咧^{liě}着嘴笑得可欢了。他悄悄凑过去跟 1 说："你看，我还是排在你前面哟！"

黄点点看出了 9 的喘瑟^{dè se}，清了一下喉咙说道："现在请 9 站到 1 后面去。考考你们，这个符号现在该怎么放呢？"

"倒过来！" 1 喊道，抢着把符号倒了过来。

"很正确，当**尖尖朝前**的时候，我们就把这个符号叫作'**小于号**'，连起来就读成'1 小于 9'。"

"你看，现在我在你前面了吧？"这回似乎 1 占了上风。

"为了方便大家理解，我编了一首儿歌，一起来唱一唱吧！"黄点点提议道。

大于号，小于号，两个兄弟一起到；

大口朝前大于号，尖尖朝前小于号；

大口对大数，尖尖对小数；

两个数字两边站，谁大冲谁开口笑。

唱完儿歌，9又开始嘚瑟了："不管谁在前面，谁在后面，不还是我大吗？"

0一声不吭，深吸一口气，啪一下来个前滚翻，刚好滚到了1的右边，大声问道："现在谁大？"

小蚂蚁们不禁 窃(qiè)窃私语："1添了个0，当然是10大了！"

这时的9，一句话也说不出来，脸红 彤(tóng)彤的，像极了一个红气球。

"在表示数量的多少时，9比1大，10比9大，但是数字不仅可以表示数量的多少，还可以用来**表示顺序**。假设你们蚂蚁王国举行举重比赛，第一名肯定是举的最重的，第一名比第九名厉害多了。"黄点点解释着。

9一下子像泄了气的红气球。再看1，它没有骄傲，更没有横着走，而是悄悄地站到9的边上，好像是用自己小小的肩膀帮助9支撑着大脑袋。

看到1和9站在一起，黄点点知道他们已经解决了问题，就高兴地说："数字是个庞大的家族，每个数字都是这个家族中的重要成员，只有相亲相爱，才能探索更多的秘密，变得更有力量，发挥更广泛的

作用！"

　　9 说："兄弟，我以后再也不欺负你了，你不要生气，好吗？"

　　1 拉住 9 的手说："我也有不对的地方，我们和好吧，再也不争吵了！"

　　黄点点看着数字娃娃们手拉手，是那么友爱，他也想到了自己的小伙伴，等回去后，一定要和大家说说这次的冒险经历。

数学小博士

名师视频课

今天，阿山和黄点点一起结识了蚂蚁王国 0~9 十个数字娃娃。通过解决 1 和 9 之间的纷争，大家都认识到了谁大谁小的问题。数字娃娃可以用来表示数量的多少，也可以表示顺序。数字娃娃本就是密不可分的一家人，如果把这些数字娃娃进行组合，还可以组成更多的数呢！

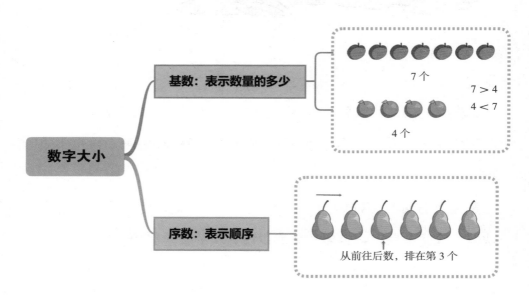

忙了一上午，午休时间到了，黄点点揉了揉眼睛，眼前忽然闪过几道题。他觉得可以和大家玩个互动小游戏，于是从书包里拿出一把直尺，问阿山："阿山，我们来玩个小游戏。你能看着直尺在方框里填上合适的数吗？"

0 1 2 3 4 5 6 7 8 9 10

5 > ☐   ☐ < 4 < ☐

2 < ☐ < 8   7 > ☐ > ☐

直尺上，0刻度表示起始的地方，数字从左往右依次增加。弄清楚直尺上数的大小，再看清楚大于号、小于号的开口朝向，前面的题目肯定难不倒大家，但是，别忘了还有等于号"＝"。

5 > ▢　　　填比 5 小的数

▢ < 4 < ▢　　　前面填比 4 小的数，后面填比 4 大的数

2 < ▢ < 8　　　可以填 3~7

7 > ▢ > ▢　　　前面填比 7 小的数，后面填比前面方框还要小的数

第三章

雷雨来啦

——分一分

一道道闪电像利剑一般划破天空，天空很生气，它怒吼着，捶打着，发出"轰隆隆，轰隆隆"的巨响。

蚂蚁的邻居蚯蚓也钻出洞穴，到地面上活动了。蚂蚁和蚯蚓都是和地面最亲密的动物，它们通过空气、泥土中的湿度能提前知道是否会下雨。

下大雨对蚂蚁王国来说可是危急时刻，因为大雨随时会摧毁他们

的家。这不，蚂蚁王国响起了警报声。听到警报声，所有工蚁立即奔跑起来，投入抢救粮食的大战中，阿山和黄点点也加入了搬运队伍。

蚂蚁们的搬运工作井然有序，丝毫不受雷声的影响。蚂蚁先 遣 队已经拿着工具提前到高处寻找新的巢穴，一旦找到合适的地方，他们就不停地挖，直到巢穴可以容下所有的蚂蚁。另一队蚂蚁负责搬运蚁后、幼虫和食物。

时间紧，任务重，每只蚂蚁都在不停奔跑着，但一点儿也不慌乱。一队跑过去，一队跑回来，相遇的时候，用触须交换信息：前面有领路的，继续向前；后面有蚂蚁受伤了，赶快通知医疗队……

黄点点一边帮忙一边感叹：别看蚂蚁个头小，可力气真不小。他们举着比自己身体还大的食物奔跑着，一趟又一趟，像马路上来回奔跑的小汽车一样，不知疲倦。很快，搬运工作在大家的齐心协力下完成了。

如大家所料，大雨"哗啦啦"地下了起来。落在地面的水 溅 起
jiàn

十进制

人类早期为了数清猎物、果实等需要，逐渐学会了计数。人的手指就是最早的计数工具。随着生产力的不断发展，人们在实践中接触的数目越来越大，因而需要给自然数命名。但是自然数有无限多个，如果对于每一个自然数都给一个独立的名称，不仅不方便，而且也不可能，因而产生了用不太多的数字符号来表示任意自然数的要求，于是，在产生记数符号的过程中，逐渐形成了不同的进位制度。而世界上的多数民族都不约而同地采用了"满十进一"的十进制。十进制，以及由它衍生出来的百进制、千进制等共同规范了我们的算术体系。有人开玩笑地说："十根手指决定了十进制成为国际通用计数规则。"这似乎也很有道理哦！

一层白色的泡沫，这些泡沫越来越多，水坑里的水很快就流了出来。流淌的水四处乱跑，遇到地缝就 灌 进去，遇到地洞就钻进去，遇到土堆就淹没，一副势不可当的样子。蚂蚁原来的巢穴很快就被雨水灌满了。

"晚一点儿就危险啦！"站在高处的蚂蚁们一个个后怕得张大了嘴。

雨，下得天地之间生白烟，下得地面"哗哗"响。不一会儿，雨下够了，天空收起泼水的盆子，雨就停了，雨一停，天就放晴，天边架起了一道弯弯的彩虹桥，漂亮极了。

这时体型微胖、穿着 雍 容华贵的蚂蚁王后不紧不慢地说道："我的孩子们，你们赶紧行动起来吧，你们幼小的弟弟妹妹们还饿着肚子呢！"

听了蚁后的话，大家又忙开了，忙着清理、修复原来的蚁穴。

旧蚁穴被大雨冲刷后变得乱糟糟的，家具、玩具到处都是，有的已经损坏。工蚁们忙着清理这些东西。他们有的**整理物品**，有的修补家具、房子。虽然眼前尽是"小黑点"们来来回回忙碌的身影，但是一点儿也不乱，非常有序。黄点点看着，嘴巴张得老大，明确的分工让他惊叹不已。

阿山邀请黄点点到自己家里做客，一开房门才发现，家里乱得一塌^{tā}糊涂。

"不好意思，家里太乱了，妈妈去外婆家好几天了，爸爸忙于蚂蚁王国的工作。"阿山很难为情地说。

黄点点摸了摸头说："没关系，有时候我房间也这样。我们一起来整理吧！"

"可——可怎么整理，我不会啊！"阿山显得有些为难。

黄点点不好意思地笑了："我们家都是妈妈整理的，不过我妈妈教过我，今天我们就试着自己整理一下吧。"

说干就干，黄点点和阿山撸^{lū}起袖子，准备大干一场。

"阿山，床上这些物品，你觉得把它们都放在同一个地方合适吗？"黄点点学着妈妈的话问道。妈妈经常向他提问，她的问题仿佛埋藏着一条看不见的线，顺着这条线，黄点点自己就能找到答案。

"当然不合适啦，这些东西是穿的，那些是学习用的。"阿山边说边把这些物品分开。

"对，我妈妈说了，**这些物品可以先分类**，一类是服装，一类是文具。"黄点点说。

阿山不光脑子聪明，手也很灵巧。你看他，胳膊虽细细的，但搬运东西很有劲儿，且很灵活，不一会儿，他就把床上的东西分成了两类。

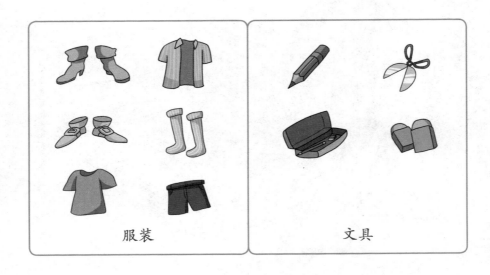

服装   文具

"整理东西时，**先想一想按什么方法分类**，再整理就容易多了。比如说这里的衣服，还可以接着往下分：是上衣还是裤子？是单衣还是棉衣？经常穿还是不经常穿？"黄点点说得头头是道。要知道，从小到大，妈妈教过他很多次，虽然他自己也做不到，但此时在阿山面前，他还是努力表现得像个大孩子一样。

阿山听了，立即就明白了，不一会儿工夫，他就把衣服收拾好了。接着，阿山打开了小抽屉，抽屉里五颜六色的纽扣堆成了小山，要找一个纽扣，需要把抽屉拉出来，把纽扣都倒在地上才能找到。

黄点点见状说："我教给你一个小绝招，这个绝招可是我们家祖传的，我外婆传给我妈妈，我妈妈传给我，现在我传给你……"黄点点说到绝招，滔_{tāo} 滔不绝。

"到底是什么绝招，你快说呀。"阿山被黄点点的话勾起了好奇心，着急地问道。

"绝招就是——**废物利用**，拿不用的盒子做一个收纳盒来整理这些纽扣。"

这个传过几代的绝招让阿山有点儿小失望，不过，可以试一试。阿山找来几个空盒子、美工刀和胶带。很快，一个大盒子变成了很多个小格子，一个简易收纳盒做成了。

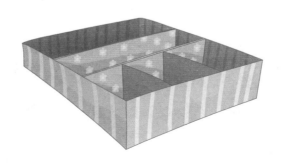

正当阿山想把这些纽扣倒进收纳盒时，黄点点阻止了他："等等，放也有绝招的，我妈妈说，**分类存放**！"

阿山一拍脑门儿，说："对哦，上次我找一个白色圆形纽扣，找了一个下午都没有找到，那时要是认识你就好了，可以很快找到。"

"嘿嘿，小绝招可是我家祖传的呢。"黄点点摸着脑袋得意地说。

"可纽扣不像衣服，可以分上衣还是裤子，分冬天用还是夏天用，纽扣这样分是不行的呀。"阿山看着这些纽扣，脑袋比这一堆纽扣还乱。

"我们来仔细观察一下，比如，**可以按颜色分**，有黄色和蓝色两种颜色。"阿山听完立即趴在抽屉上仔细看了起来。

"我们就按颜色分吧。"阿山开始动手挑选纽扣。

"慢着，还有其他办法分，你再仔细看看。"

"啊——还要分呀！哈哈，我知道了！"阿山上一秒愁眉苦脸，下一秒就喜笑颜开了，"你看，这种纽扣有 2 个洞眼，这种纽扣有 4 个洞眼！"

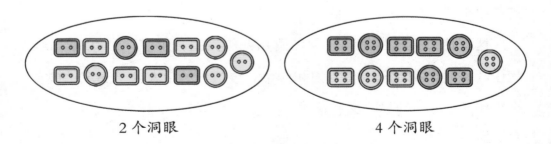

2 个洞眼　　　　　　　　　　4 个洞眼

说着，两人一起把纽扣**按洞眼的个数**分在了两个收纳格子里。

"可是，我怎么觉得这样分怪怪的呢。"阿山又抓了抓脑袋。

"纽扣可以按颜色分，可以按洞眼数量分，还可以按形状分。现在我们可以**先按一个标准分类，再按另一个标准进行二次分类，最后按第三个标准进行三次分类**，这样就更加整齐了。"
黄点点曾经在妈妈的指点下把家里的纽扣分类过，现在他又把这个经验分享给了阿山，还细心地画了一个图，图也是妈妈教的。

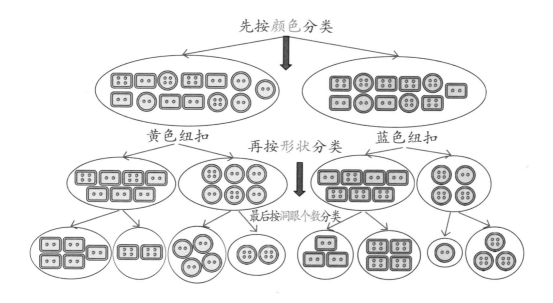

"阿山，你能看明白上面的演示图吗？"

"能看明白。你点子真多，一下能想到这些方法，还能画得这么清楚。我按你的方法把这些纽扣放在收纳盒里，你来检验哦！"阿山一边说一边整理纽扣。

阿山整理好就拿给黄点点看，让他检查。黄点点认真地一格一格地看，每个格里的纽扣都是一样的，分得清清楚楚。黄点点高兴地说："阿山，整理纽扣这道题，你得 100 分！"阿山开心极了，心里比吃了蜜还甜。

整理完之后，空荡荡的床好像正张开双手欢迎他们来躺一躺。黄点点和阿山躺在床上聊天儿。

"我上幼儿园的时候，学过**垃圾分类**。为了减少对大自然的污染以及对一些废物进行再次利用，生活垃圾可分为：**可回收垃圾**、**不可回收垃圾**、**有害垃圾**。过期药品等属于有害垃圾，要单独放。"

"嗯嗯，我也听妈妈说了。之前蚂蚁王国里有很多蚂蚁生病，那个时候，妈妈说不能随便乱扔垃圾，否则会让更多的蚂蚁生病。"阿山补充道。

"是的，生病时候的生活垃圾如果处理不好，会让更多人生病，需要按照大人们制定的办法和规定进行处理。"黄点点说。

说着说着，黄点点和阿山睡着了。这真是又累又有意义的一天呀！

名师视频课

　　黄点点和阿山用到的分类方法在生活中经常会用到，我们可以根据需要按不同的标准进行分类，这样可以使物品摆放更美观，也便于寻找。

　　小朋友们可以学习这种分类方法，学会整理、收纳物品。最重要的是，数学中也经常会用到这种分类方法。生活中，数学真是无处不在啊！

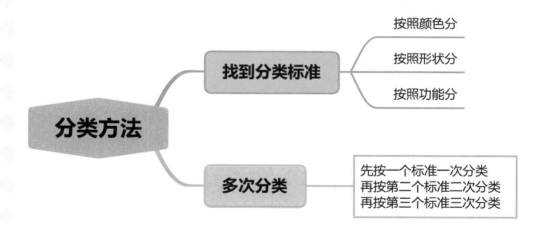

智慧加油站

收拾好房间后，黄点点闲着没事做，便拿来一张白纸，在上面画着玩。画着画着，他突然一蹦三丈高，喊道："阿山阿山，快来看呀，你能给这 8 张脸分分类吗？"

小朋友，你能帮助阿山解决这个分类问题吗？想一想，除了按有头发、没头发分，还有没有其他不同的分类方法？

温馨 小提示

上面的分类问题有几种不同的分类标准：第一种是按有头发、没头发分，第二种是按耳朵的形状分，第三种是按有没有微笑分。小朋友，你的想法是什么呢？请你说一说。

第一种：
有头发：①③⑤⑧　　　没头发：②④⑥⑦

第二种：
圆耳朵：①②⑦⑧　　　尖耳朵：③④⑤⑥

第三种：
微笑：①④⑤⑦　　　没微笑：②③⑥⑧

第四章

究竟在哪里

——认位置

"丁零零……"清脆的电话铃声响起。

"嘿，阿山，谁的电话？"黄点点问。

"糟糕！"阿山大喊。

"怎么了？"

"我和杰米约好了，今天早上去购物中

心帮他妹妹买生日礼物，昨天睡得太晚，我居然把这件事给忘了。"阿山一边解释一边匆匆忙忙准备出门。听说要出门，黄点点兴奋得不得了。

两人向着目的地一路飞奔而去。很快，他们就到了约定的地点。阿山的眼睛像两个雷达，四处搜索。没有呀，杰米呢？他不会也忘记了吧。不可能，刚刚通过电话呢。随后他呼了口气说："还好我们没有迟到，杰米还没到呢！"

可是，他们左等右等，就是不见杰米的身影。

黄点点看了无数次电话手表，他告诉阿山，他们已经等了两个小时了。

"两小时就不是迟到的问题了，是杰米忘记我们的约定了吗？不太可能吧！"阿山 嘟 囔 着。
dū nang

"你会不会搞错地方了？"黄点点问。

"不可能，我们说的就是**购物中心的右门**，这里不就是购物中心的右门嘛！"

"哎哟喂，我的阿山呀，这哪是右门啊，这是左门呀！"黄点点被阿山弄得哭笑不得。

祖冲之

祖冲之(429—500)，字文远，我国南北朝时期著名数学家、天文学家。祖冲之一生钻研自然科学，主要贡献在数学、天文历法和机械三方面。祖冲之不仅是我国历史上杰出的科学家，而且在世界科学发展史上也有崇高的地位。他推算出的圆周率的值，世界闻名，对数学的研究有巨大贡献。由他撰写的《大明历》是当时最科学、最先进的历法。他设计制造了水碓磨、铜制机件传动的指南车、千里船、计时器等。此外，祖冲之精通音律，擅长下棋，还写有小说集《述异记》。他是一位博学多才的人物。

"怎么会呢，是你搞错了吧？"阿山很认真地说。

"我们现在和购物中心是面朝同一个方向的，你把我们现在的右边当成了购物中心的右边，但这是左手边的门。因为在实际生活中，人们一般会和购物中心面对面，把我们面对时的右边看成是购物中心的右边。你还搞不清的话，把身体转过来！"黄点点把阿山转了个身，"**现在你和购物中心是面对面的，你的右边便是购物中心的右边。**"

"啊，这个我没想到呢，这下可怎么办呢？"阿山摸了摸脑门儿。

"我们赶快去另外一边找杰米吧！"

跑到购物中心的另一边——右门，他们果真找到了杰米，此时杰米已经在凳子上睡着了。

"对不起，杰米，下次我再也不会犯这样的错误了。杰米，你快醒醒，我们还要给你妹妹买礼物呢！"阿山真是羞愧不已，赶紧把杰米摇醒。

睡眼 蒙 眬 的杰米就这样被他们 拽 着走进了购物中心。他们
^{méng lóng}先后走上了电梯，黄点点问："我们现在是靠着电梯的哪边站的？"

"我觉得是……"阿山现在不敢随便说了，他疑惑地问，"是右边
吗？"

"你看我们对面下电梯的人，他们是靠着他们的哪边下去的？"黄
点点又问。

"当然也是右边啊！"杰米说。

"你再仔细观察一下，我们的右边和他们的右边一致吗？"黄点点不断地追问。

"我发现了，**我们的右边和他们的右边是相反的**！"阿山激动地喊了出来。

"没错，我们和他们面对面，所以我们的右边是他们的左边。"黄点点又补充了一下。

他们来到食品区。这里零食堆积如山，整个架子从上到下、从左到右摆满了各种食物。杰米说他妹妹是个小吃货，于是他们决定给杰米妹妹买些零食做生日礼物。

阿山说，从下往上数，买第三层的面包；杰米说买最上面也就是第四层的果汁；黄点点建议买第二层最左边的水果蛋糕。

杰米也觉得水果蛋糕不错，妹妹会喜欢。他让营业员用蛋糕盒把水果蛋糕装了起来，上面还打了一个漂亮的蝴蝶结。这可是妹妹最喜欢的粉红色的蝴蝶结！

完成购物后，出了购物中心的大门，杰米**朝左边**回家了，阿山和黄点点**朝右边**回家。阿山和黄点点是手拉着手回家的。

"黄点点，我的右手牵着的是你的左手，你的左手拉住的是我的右手。"一路上，阿山都在努力记住自己的右手是哪一边，因为黄点点说过，不管怎么变，**自己的右手永远都是右边**，知道了右手，同一方向的事物的左右也就知道了。

名师视频课

阿山和好朋友杰米约定在购物中心的右门集合，可是阿山和黄点点等了很久也没有见到杰米，原来方向是有相对性的，阿山认为的右边是和购物中心面朝同一个方向时的右边，而杰米所说的右边是大家通常所认为的和购物中心面对面时的右边。虽然都是右边，但方向却完全相反了，所以阿山没有顺利找到杰米。

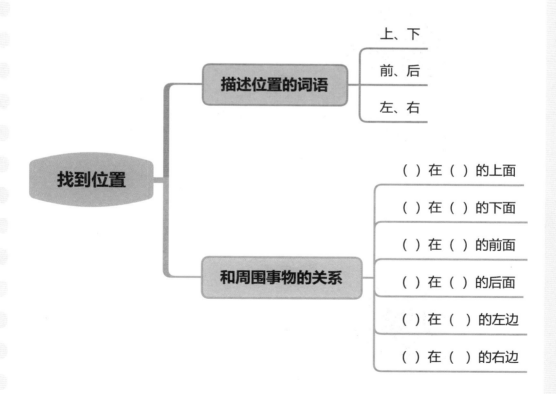

智慧加油站

　　小朋友，生活中我们常常会用上下、前后、左右等词语来描述事物的位置，比如：（　　　）在（　　　）的（　　　）面，（　　　）的（　　　）面是（　　　）。请你试着用上面的两种方式说一说下面照片上的黄点点、阿山和周围事物的位置关系。想一想：黄点点左边的物体和阿山左边的物体一样吗？为什么？

黄点点的上面是（　　）；	阿山的上面是（　　）；
鱼在黄点点的（　　）面；	鱼在阿山的（　　）面；
黄点点的左边是（　　）；	阿山的左边是（　　）；
黄点点的右边是（　　）；	阿山的右边是（　　）。

 温馨 小提示

黄点点的上面是（飞机）；	阿山的上面是（飞机）；
鱼在黄点点的（下）面；	鱼在阿山的（下）面；
黄点点的左边是（大树）；	阿山的左边是（房子）；
黄点点的右边是（房子）；	阿山的右边是（大树）。

　　飞机都在两个人的上方，鱼都在两个人的下方，两个人面朝的方向不一样，所以他们的左边、右边的物体是不一样的，你想对了吗？

第五章

我们都是好朋友

——认识 20 以内的数

　　黄点点和阿山两个人好得像一个人似的，出门在一起，回家玩在一起，吃饭在一起。黄点点在蚂蚁王国的家就是阿山的家，不光阿山喜欢他，连阿山的爸爸妈妈也很喜欢他。黄点点每天睡在阿山家的书房里，看了不少关于数学的书，他感觉自己的数学水平又提高了不少。

　　这天一早，黄点点一边刷牙一边在心里盘算着今天和阿山玩什么。这时，阿山飞奔进来，开心地说："快走，蚂蚁王国的数字娃娃们在广场集合，都在等着你呢！"

　　"啊？等我干吗？"黄点点一着急，差点儿把牙刷扔在了地上，"哦，我想起来了，上次我告诉过他们，数字是个很 庞^{páng} 大的家族，还有更多的秘密等着他们去学习，没想到……"

　　黄点点穿起鞋子就往外冲去，阿山紧紧跟在后边。黄点点三步并成两步跑，阿山迈开四条腿连奔带跑。不一会儿，他们俩便跑到了蚂蚁王国的广场。

　　蚂蚁王国的广场上全是"小黑点"，有数字娃娃，还有前来围观的小蚂蚁们。

　　这时，大家听到一声口令："立正——

稍息！"这是数字 0 的声音。

"有请聪明的人类小朋友——黄点点！" 0 身体圆圆，说起话来也是字正腔圆，很有节目主持人的样子。他站立的时候，像个挺着肚皮的绅士；他弯腰做邀请动作时，那圆圆的肚皮就像气球一样。

"我很高兴和大家一起探索更多数字的秘密，这是一个很好的学习机会。"黄点点停顿了一下接着说，"请 0~9 这 10 个数字娃娃的代表出列！"

0~9 十个数字娃娃代表笑嘻嘻地手拉手一块儿跑到前边站好。黄点点让阿山指挥小蚂蚁们用食物摆了几个造型，**从右往左依次是个位、十位、百位。**

大家你看看我，我看看你，不知道黄点点葫芦里卖的什么药。

"刚才我摆的是数位，当你们这些数字娃娃**在不同的数位上时，就可以表示不同的大小。**如果把 1 放在个位上就表示 1 个一，是 1；**如果把 1 放在十位上，就表示 1 个十，是 10**；如果把 1 摆在百位上，就表示 1 个百，是 100！一、十、百都是计数单位。"

"照这样说，如果把 **2** 放在个位上就表示 **2 个一，是 2**；如果把 **2** 放在十位上，就表示 **2 个十，是 20**；如果把 **2** 摆在百位上，就表示 **2 个百，是 200**！是这样吗？"阿山问道。

"完全正确！"黄点点向阿山竖起了大拇指。

黄点点继续解释道："像 10、20 这样的数就是**整十数**，100、200 这样的数就是**整百数**！请所有整十数出列！"

这时，只见 10、20、30、40、50、60、70、80、90、100 这些数字娃娃纷纷跑过来向黄点点报到！

"我是 20！"

"我是 80！"

"我是 50！"

……

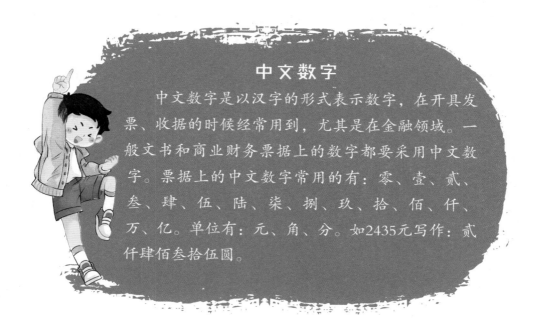

中文数字

中文数字是以汉字的形式表示数字，在开具发票、收据的时候经常用到，尤其是在金融领域。一般文书和商业财务票据上的数字都要采用中文数字。票据上的中文数字常用的有：零、壹、贰、叁、肆、伍、陆、柒、捌、玖、拾、佰、仟、万、亿。单位有：元、角、分。如2435元写作：贰仟肆佰叁拾伍圆。

"等等，等等，"黄点点被这些叫声吵得有点儿头大，于是说，"这样有些乱，你们能不能按大小顺序把队伍排整齐呢？最小的整十数娃娃排在最前面！"

"我来啦，我最小，我有 1 个十！"数字娃娃 10 迅速跑了过来。

"我 100 最大，我有 10 个十！"数字娃娃 100 神气地跑了过来，"我排最后！"

"请其他数字娃娃有序地排在 10 和 100 之间！"黄点点说。

不一会儿，10、20、30、40、50、60、70、80、90、100 这些数字娃娃就排成了一支笔直的队伍。

"很棒，大家都很聪明！让我们一起**按照从小到大的顺序**，认识一下他们吧！"黄点点说。

"10、20、30、40、50、60、70、80、90、100！"整个蚂蚁群发出了洪亮的声音。

"再**按照从大到小的顺序**，反过来认识一下他们！"黄点点继续指挥着。

"100、90、80、70、60、50、40、30、20、10！"这次蚂蚁们说得比刚才还快，说完还为自己热烈地鼓起掌来。

"报告！那我们是什么数呢？"11 向黄点点提出了疑问，后面跟着 12、13、14、15、16、17、18、19。

"你们都是表示十几的数，你**读作十一**，你读作十二……你们和 0 到 9 的数字娃娃合在一起，都是 20 以内家族的成员。请到数位这边来。"黄点点边说边指引着大家。

"你们看，你们的十位上都是 1。如果个位上是 1，那就是把 1 个十和 1 个一合起来，就是 11；如果个位上是 2，那就是把 1 个十和 2 个一合起来，就是 12。以此类推。"黄点点认真地说着，像一个自信满满的老师一样。

十位　个位
1　　 1
写作：11
读作：十一

"我明白了，我 **13 是由 1 个十和 3 个一组成的**，我的好朋友 14 是由 1 个十和 4 个一组成的，那么 16 就是由 1 个十和 6 个一组成的，19 就是由 1 个十和 9 个一组成的！"数字娃娃 13 的声音可响亮了。

这时，数字娃娃 19 东张西望地似乎在寻找着什么，黄点点便问道："19，你在找谁？"

"我在找我的邻居。"19 说道。

"找邻居游戏很好玩，我在幼儿园玩过。"黄点点差点儿蹦起来。

"找邻居游戏？谁是我的邻居？"数字娃娃们窃窃私语着。

"19，你的邻居，**一个比你小 1，一个比你大 1**，你知道是谁了吗？"黄点点提醒他。

"我知道，比我小 1 的是 18，比我大 1 的是谁呢？"19 又挠起了头。

"我用橡子做一个简单的计数器。"黄点点说着，拿过一些橡子为大家演示。

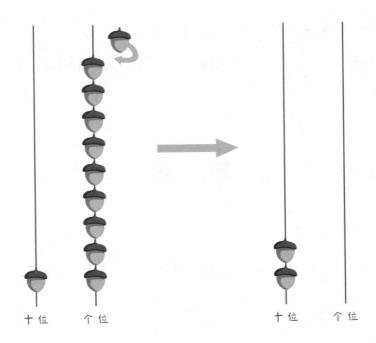

十位　个位　　　　　十位　个位

　　"19，在计数器的十位放 1 个橡子，个位上放 9 个橡子，如果在个位上再增加 1 个橡子，正好满十了，**满十进一**，就变成了 2 个十，是 20 了！"

　　"我知道了，1 个十和 10 个一合起来就是 2 个十嘛！"19 可开心了，他拉起 18 和 20 的手说，"终于找到我的邻居了，以后我们就是好朋友啦！"

　　黄点点说："你说的没错，数字娃娃前后是邻居，也是好朋友，可别吵架哦！"

　　"不会吵架的，太棒啦，我们又有新伙伴了。"0~10 的数字娃娃笑呵呵地手拉着手走到新伙伴的面前，齐声说道，"欢迎加入我们的行列！我们都是数字家族的一员！"

　　他们轻声交流着，不自觉地把队伍排成了很整齐的一列。

"在数字家族里，还有更多的数呢，比如：三十几、四十几、几百，甚至几千、几万，以后你们都会认识的。现在我建议大家一起来玩拍手游戏，好吗？"黄点点说。

"好！"大家异口同声地说，游戏是所有小朋友都喜欢的。

黄点点教大家唱了起来：

你拍一，我拍一，一像铅笔细又长；

你拍二，我拍二，二像小鸭水中游；

你拍三，我拍三，三像耳朵听声音；

你拍四，我拍四，四像红旗迎风飘；

你拍五，我拍五，五像秤钩称东西。

......

哇！数字还能编成儿歌呀！这太有趣了，又好听又好记。数字娃娃们一边拍着手一边唱着歌，充实的一上午在大家欢快的歌声中结束了。

数学小博士

名师视频课

今天，蚂蚁王国的小伙伴们在黄点点的帮助下认识了个位、十位、百位，一位数、整十数和整百数，还知道了 20 以内的数的组成。有了这些认识，蚂蚁王国的数字娃娃们就会更加和睦了。

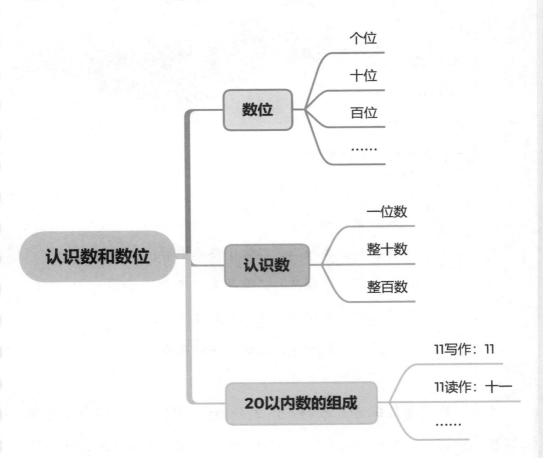

认识数和数位

数位
- 个位
- 十位
- 百位
- ……

认识数
- 一位数
- 整十数
- 整百数

20以内数的组成
- 11写作：11
- 11读作：十一
- ……

智慧加油站

广场上，黄点点用橡子做了个计数器。回到家，他告诉阿山他要动手做一个真正的计数器。

于是，他找来了木桩和细细的树枝，一会儿用锯子，一会儿用胶水，一会儿用水彩笔，专心致志地鼓捣着。

不过，黄点点没有找到珠子，阿山想到了存放在仓库的黄豆，他们在黄豆的中间穿了一个洞当珠子。在他们完美合作下，一个神奇的、蚂蚁王国绝无仅有的计数器诞生了！

黄点点迫不及待地想考考阿山：在这个计数器上用 2 颗黄豆表示一个我们学过的数，你知道这个数可能是多少吗？请你在下面的计数器上画一画、写一写。

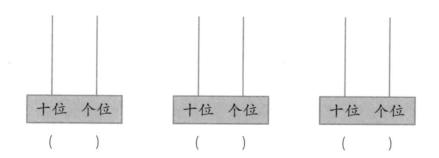

十位　个位　　　　十位　个位　　　　十位　个位

（　　　）　　　　（　　　）　　　　（　　　）

阿山是这样想的：

如果把 2 颗黄豆都放在同一个数位上，那就是 2 或者 20；

如果把 2 颗黄豆分一分，可以分成 1 和 1，那么就是 11。

小朋友，你想对了吗？

忙碌的午餐时间

——认识单数、双数

这天中午，阿山的妈妈为他和黄点点准备了美味大餐。两人吃得正开心时，一个急促的声音传来："黄点点，阿山……"数字娃娃0气喘吁^{xū}吁地跑来。

"难道数字娃娃又吵起来了吗？"黄点点一下从椅子上跳了起来。

"他们不是和好了吗？"阿山一脸惊讶。

"请听我说，不是你们想的那样。是这样的，今天下午要举行接力比赛，可大家不知道怎样分队才好。"数字娃娃0苦着脸说。

黄点点明白了数字娃娃0的来意，他是来求助的呀！

"这个呀……我想想，我一定会想出一个好方法，让你们既可以和

邻居朋友们在一起，还能解决你们的分队问题。走吧！"黄点点说。

他们来到了蚂蚁王国的大操场。黄点点捡了一片叶子，卷成圆锥形状充当话筒喊起来："团结就是力量，可是要比赛，就得分成两队。现在大家不知道要怎么分，这个问题交给我解决吧！"

黄点点说着取出口袋里的一支铅笔当指挥棒："下面请听我的指挥。被喊到的数字娃娃请站左侧：1、3、5、7、9、11、13、15、17、19！没喊到的都站到右侧！请迅速按照从小到大的顺序排成两支队伍！"此时，黄点点可威风了，像大将军出兵打仗前整理队伍。

一阵"唰唰唰"的移动脚步的声音，数字娃

娃们已按要求分好了队，站得整整齐齐。在数字娃娃们眼里，黄点点就是大将军，他们都是训练有素的士兵。

"请报数！"黄点点喊道。

"1、3、5、7、9、11、13、15、17、19！"

"2、4、6、8、10、12、14、16、18、20！"

"现在请和你前后的伙伴握个手，交交朋友，记住他们都是谁，记住自己的位置，给你们 30 秒的时间。"黄点点继续下达着指令。

不一会儿，黄点点说："请安静，下面要检查你们是否记住了自己的位置，我要给你们出一个难题，你们有

勇气挑战吗？"

"有！"数字娃娃们说"有"的同时，脚跺了一下地，大地发出
"嘭^{pēng}"的一声。

"现在请打乱顺序，然后再**按照从小到大的顺序**排成两列队
伍！"话音刚落，数字娃娃们就行动起来了。

这时，有一个数字娃娃左瞧右瞧露出了迷茫的神情，原来是数字
宝宝 15，他找不到自己的位置了。

"请 15 的邻居举手！"黄点点牵着 15 的小手说。

有两个数字娃娃迅速举起了小手。

"15，13 和 17 是你的邻居吗？"

"是的！"15 开心极了，他终于找到了自己的位置。

"你们这两列数都有一个特殊的名字，**左边的叫单数，右边
的叫双数**。"说完，黄点点从背后取出两块牌子，上面分别写着"单
数"和"双数"，他将牌子交给两列队伍的领队举着。

"为什么他们是双数，我们是单数呢？"15 不明白。

"你这个问题问得特别好，你们谁知道单数和双数的区别？"黄点

点刚说完，数字娃娃 1 往前走了几步说："我是单数，是单独的一个而已，而 2 却不同，2 可以表示 2 只蚂蚁，2 只蚂蚁可以组成一对好朋友，所以 2 就是双数。"

"有道理！"大家听了频频点头。

数字娃娃 9 有些不明白，他说："1 说的这个道理在我 9 身上就不对了，我也可以两个两个组成好朋友呀，还能组成好几组呢！"

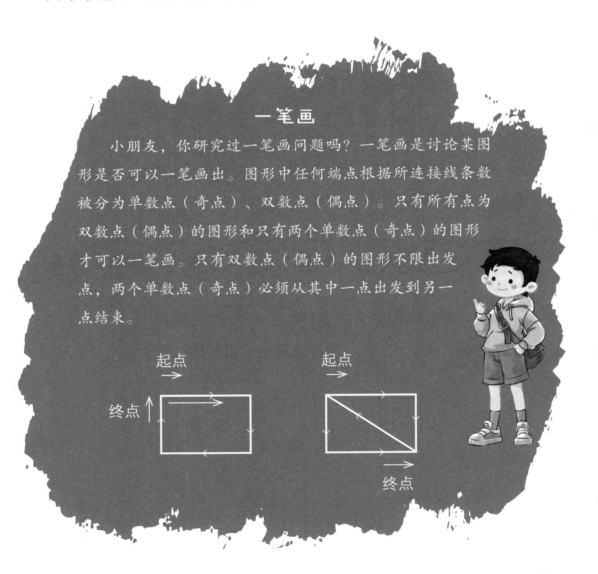

一笔画

　　小朋友，你研究过一笔画问题吗？一笔画是讨论某图形是否可以一笔画出。图形中任何端点根据所连接线条数被分为单数点（奇点）、双数点（偶点）。只有所有点为双数点（偶点）的图形和只有两个单数点（奇点）的图形才可以一笔画。只有双数点（偶点）的图形不限出发点，两个单数点（奇点）必须从其中一点出发到另一点结束。

起点

终点

起点

终点

"你是单数，我可以画给你看，9 只蚂蚁用 9 个三角形表示，每两个三角形画一个大圆圈，表示组成一对好朋友，这样你可以组成四组半，最后还多出来一个三角形找不到好朋友，所以你也是单数！"1 大胆说出了自己的想法。

"1 说的很对，判断一个数是单数还是双数，**要看最后能不能都组成一对一对的好朋友。**"黄点点向数字娃娃 1 竖起了大拇指。

"再来看 16，两个手拉手，两个组成好朋友，最后正好没有多余，所以 16 就是双数。"黄点点觉得他的数学也进步了不少呢。更重要的是，他现在更爱想问题，敢接受新问题的挑战，而且面对很多人大声说话，他也不害怕了。

"噢，原来是这样啊！"数字娃娃 9 恍(huǎng) 然大悟。

"再来考考你们吧！"黄点点用他的指挥棒在地上写出了这样三道题：

题一：

1	3	7		13

题二：

	9		15	19

题三：

20		16		10

大家先是议论纷纷，然后一起说出了解题思路。题一很简单，按照单数的大小顺序来填写数字；题二要注意 9 的前面应是 7 而不是 8；题三要注意是从大到小排列的双数，而不是从小到大排列。

大家准备击掌庆祝时，数字娃娃 0 垂头丧气地站了出来，他有气无力地说："那我是单数还是双数呢？我表示没有，怎么分呢？"

"0 宝宝，你不要担心，**你是双数，而且是万能双数**，因为把你放在任何数字后面，这个数字都是双数！即使是放在单数后边，单数也变成了双数。"黄点点安慰他。

数字娃娃 0 听了，脸上一下乐开了花，他开心地翻了个跟头，来到 1 身后说："1，你想变成双数吗？想的话就来和我做好朋友吧！"

大家都哈哈大笑了起来。

数学小博士

名师视频课

　　接力比赛的分队，黄点点按照单数和双数分好了。小蚂蚁们都学会了用找好朋友的方法来判断单数和双数。

　　两个两个组成好朋友，如果最后有一个单独的没有找到好朋友就是单数，都能找到好朋友就是双数。另外，数字娃娃 0 在任何一个数字娃娃后面都能组成一个双数，不信请试着分一分吧！

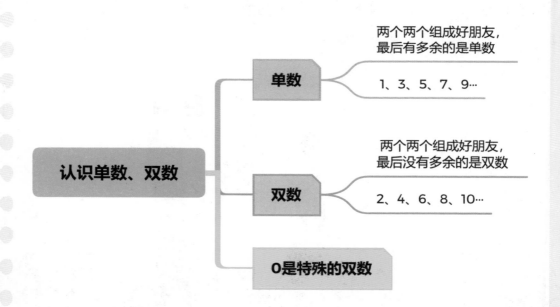

这一天，阿山收到了好朋友寄来的信，对方知道他最近沉迷于数学不可自拔，所以特意设置了一个机关，只有依照信封一的规律填出信封上的数字才能打开其他三个信封。信封上的设计是这样的：

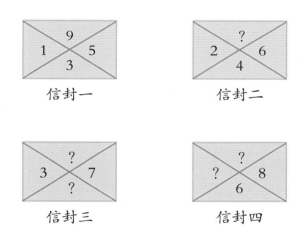

信封一   信封二

信封三   信封四

小朋友，你能找到信封上的秘密吗？

温馨小提示

　　信封一，1、3、5是三个连续的单数，9是它们的和：1+3+5=9；

　　信封二，2、4、6是三个连续的双数，问号处应该是2+4+6=12；

　　信封三有两个问号，下面的问号应该是一个单数，3和7中间的单数是5，所以上面的问号是3+5+7=15；

　　信封四最左边的问号是双数，6和8前面的双数是4，所以上面的问号是4+6+8=18。

　　小朋友，你想对了吗？

第七章

我爱捏泥人

——认识图形

蚂蚁王国一年一度的超轻 黏(nián) 土比赛就要拉开 帷(wéi) 幕。

为了这一天，阿山早早就准备好了最好的超轻黏土，五颜六色的，比赛前他都舍不得拿出来玩。

比赛的日子终于到了！黄点点和阿山抽到的比赛题目是：制作机器蚁人。

"我的手气可真好！"黄点点开心极了，"捏这些正是我的拿手好戏。"黄点点已经学过了很多图形，包括平面的、立体的。这些图形的样子早就刻在脑海里了，黄点点觉得就是闭着眼也能捏出一个机器蚁人。

"黄点点，我给你当助手，我们肯定会获奖的！"阿山非常信任黄点点，在他的眼里，黄点点不光聪明，还很能干。

"阿山，今天我不动手，你来捏！"黄点点说完，看到阿山一脸的惊讶，赶紧解释说，"我可不是偷懒，是让你更好地**认识图形**、记住图形，你自己做一遍，比看一百遍都要管用呢！"

"好，我愿意试试！"在黄点点的鼓励下，阿山总算有点儿信心了。

裁判员一声令下，比赛正式开始了。

"你想先捏什么呢？"黄点点问。

"我们从上往下，先捏头吧！"阿山说道。

"头的形状是一个球，**球是圆的**！"黄点点对阿山说。

阿山拿出一块黄色的黏土，说："球我知道，我们踢的足球、拍的皮球，都是圆的。你看我搓的这个是不是球？"阿山一边回答一边用两只手来回搓动着。

"我们的手心不够平整，我建议你搓得差不多时，放在桌上，再用一只手和桌面保持水平，来回再搓几下。"现在阿山的手，黄点点的脑袋，好像是二合一了，黄点点怎么说，阿山的手就怎么做。

"怎么样，够圆了吧？"阿山搓了一会儿，小心翼翼地用大拇指和食指捏着刚搓好的球问。

"你放在桌上滚一下，看看是不是可以任意滚动呢？"黄点点说。

阿山把球放在桌上用手轻轻推动，球一会儿往前滚，一会儿往后滚，一会儿往左滚，一会儿往右滚，滚得很顺畅。

"很好，第一个作品合格了！"黄点点给阿山竖起了大拇指。

"耶！"阿山开心地向黄点点比画一个剪刀手。

随后，他们用黑色和白色的黏土搓了 4 个小小的球，2 个当耳朵，2 个当触角。

"下面，我们开始做身体吧？"阿山问。

"机器人的身体做成**正方体**的，这样酷，看着就很厉害，我在动画片里看到过！"阿山自信地回答。

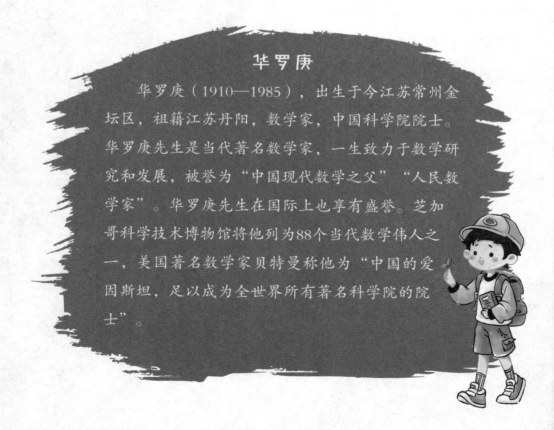

华罗庚

华罗庚（1910—1985），出生于今江苏常州金坛区，祖籍江苏丹阳，数学家，中国科学院院士。华罗庚先生是当代著名数学家，一生致力于数学研究和发展，被誉为"中国现代数学之父""人民数学家"。华罗庚先生在国际上也享有盛誉。芝加哥科学技术博物馆将他列为88个当代数学伟人之一，美国著名数学家贝特曼称他为"中国的爱因斯坦，足以成为全世界所有著名科学院的院士"。

"正方体是……"黄点点正想把正方体的特征说给阿山听，阿山却说："我知道，我知道！正方体是四四方方的，它有 6 个平面，每个面都是方方正正的！"

阿山拿了一块稍大的超轻黏土，左捏捏，右摁摁，上敲敲，下压压，不一会儿，一个比较方正的立体图形就出现了。

黄点点拿起阿山刚刚做好的作品，用手指着说："我数一下，上面下面、前面后面、左面右面，一共 6 个面！摸一摸，每个面都是平平的，不过……"黄点点有些犹豫，觉得哪里不对。

"你捏的这个立体图形，从前后两个面看起来是方方正正的，但是左右和上下四个面是长方形，所以你捏的是长方体，不是正方体。虽然它也有 6 个面，但有几个面的大小和形状不一样，**正方体的 6 个面应该是一样的**。"黄点点一边说一边用手比画着，生怕阿山听不明白。

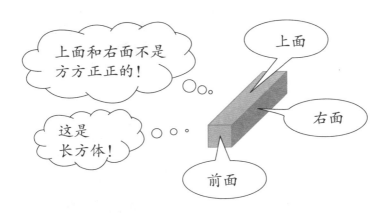

阿山也很聪明，黄点点刚说完，他立马就明白了问题出在哪里。他又重新捏了一个："你看，这下每个面都一样了吧？"

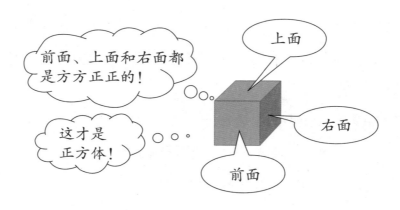

前面、上面和右面都是方方正正的！

这才是正方体！

上面

右面

前面

"又是一个完美的作品！"黄点点说完又问，"这个正方体像什么？"

"嗯……"阿山眨了眨眼睛，"像魔方！"

"还像什么?"

"骰^{tóu}子、方块积木!" 阿山一口气说了好几个。

"你的想象力很丰富,我们继续吧!" 比赛可真紧张呀,黄点点的脑门儿上都冒出汗来了。

他们又用同样的方法捏了两只脚,接下来轮到腿和手臂了。

"手和腿就更好办了，它们是**圆柱体**嘛！"阿山用手掌贴合在桌面上不停地前后搓动着，嘴里还念叨着，"圆柱应该是直筒的，上下一样粗，两头圆圆的，也可以滚！"

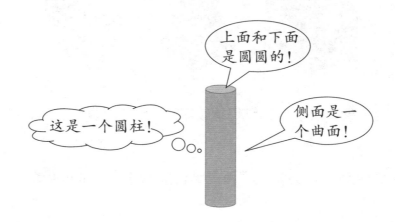

上面和下面是圆圆的！

这是一个圆柱！

侧面是一个曲面！

"你说球和圆柱都可以滚，它们有什么区别呢？"黄点点竟然困惑了。

"区别就是，球可以朝任意一个方向滚，而圆柱只能前后滚！"阿山一边说一边向黄点点示范。

黄点点听了由衷^{zhōng}地佩服："阿山，你真是个小天才啊，比我们这种大班毕业的小朋友还厉害，你在图形学习方面肯定有传说中的天赋！"

"你不觉得这些立体图形在我们身边随处可见吗？冰箱是长方体的，魔方是正方体的，有的玻璃水杯是圆柱形的，乒乓球是球体……"阿山说得快，手捏得也快。

在他俩的团结合作下，不一会儿，机器蚁人作品就完成了。为了使每个部分连接得更牢固，黄点点找来了牙签加以固定，这样就万无一失了。

他们俩合作的作品最终能否得奖呢？黄点点没有去想，阿山做完就很开心。在制作过程中，阿山和黄点点相互学习、讨论，他们发现生活中就有各种各样的图形，真是有趣。

数学小博士

名师视频课

　　黄点点和阿山参加超轻黏土比赛，他们一边捏一边认识了物体的各种形状。球和圆柱都可以滚动，球可以朝任意一个方向滚动，而圆柱只能前后滚动。长方体和正方体都有六个平整的面，但是长方体的六个面并不完全相同，而正方体的六个面是完全相同的。

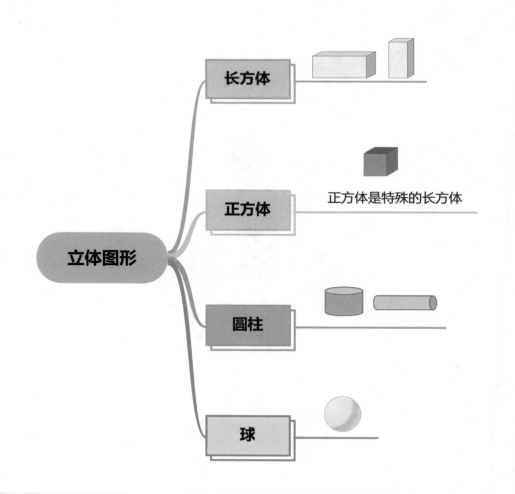

长方体

正方体　　　正方体是特殊的长方体

立体图形

圆柱

球

智慧加油站

参加完超轻黏土比赛，黄点点和阿山准备回家。走到路口，他们发现有一处建筑损坏了。看到周围"蚁来蚁往"的，黄点点非常担心他们的安全问题，于是就对阿山说："我们得赶快准备砖头来砌墙，把它修好！"可是，他们要准备多少块砖呢？小朋友，请你动手画一画、算一算、数一数，看看需要多少块砖。

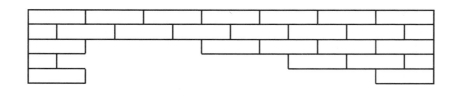

温馨小提示

我们可以用补一补的方法，这样是不是一目了然呢？

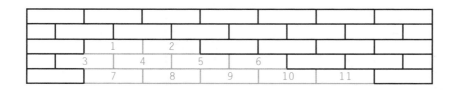

他们要准备 11 块砖，你想对了吗？

第八章

有魔力的分法

——分与合

这一天，天气晴朗，瓦蓝的天空像是被谁打扫过一样，一丝云彩都没有。蚂蚁们纷纷出来晾晒自己的好心情。一只身穿粉红衣服的蚂蚁款款走来，身姿婀娜，一群可爱的数字娃娃们学着她的样子，摇摇摆摆地跟在她的后面。其他蚂蚁看到了，也都围了过来。

粉红蚂蚁在一棵

大树下停下脚步转过身，对数字娃娃们说："宝宝们，今天我带你们玩游戏，大家先分组站好。"

话音落下，数字娃娃们尝试着分组，可好半天过去了，大家还在晃动着脑袋，不知道该怎么分组，怎么排队。

粉红蚂蚁见状皱起了眉头，正发愁时，看到黄点点走过，她就像见到大救星一样立即上前求助：怎样让他们分组排队变得有序起来呢？

黄点点见又有用武之地了，想了想说："那我们就来玩一个有意思的游戏吧！"

"请最大的数字娃娃出列！"黄点点说。

数字娃娃 9 努力地控制自己晃动的身体，颤 颤巍 巍地走到了黄点
点身边。

"9，你是 0 到 9 中表示数量最多的数字。"黄点点继续说，"如果让你找另外两个数字娃娃和你做好朋友，你会找谁？"

数字娃娃 9 听了，不再晃动，一本正经地说："我

们数字家族中彼此都是好朋友，他们都是我的好朋友！"

"好吧，我确实说过这话。从关系上讲，你们都是好朋友，都是数字家族的成员。现在请你从数学的角度想一想，**哪两个数合起来是你代表的数字 9 呢**？"黄点点问。

"哦，原来是这个意思啊！这个简单，我选择 4 和 5！"数字娃娃 9 脱口而出。

阿山急冲冲地抢着说："我知道，我知道，4 和 5 合起来就是 9！"阿山的动作真是越来越敏 捷 ，顺手在旁边采了 9 个果子，在地上摆了起来。

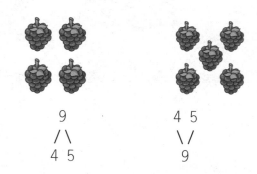

"摆得很清楚，我们可以说 **9 分成 4 和 5，4 和 5 合起来是 9**。"

数字娃娃们觉得非常有意思，也跟着说："9 可以分成 4 和 5，4 和 5 合起来是 9。"

"还有其他分法吗？"黄点点问。

"当然有！"

"那就请你们自告奋勇，走出来吧！"

1 和 8，2 和 7，3 和 6，他们两两走了出来，但你看看我，我看看你，想牵手，又有点儿犹豫。

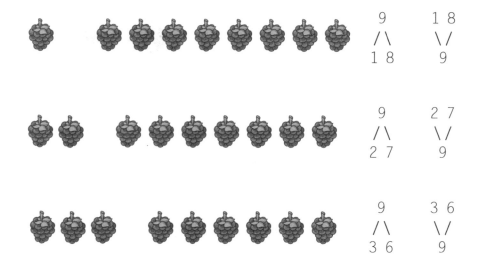

$$
\begin{array}{c}
9 \\
/ \backslash \\
1 \quad 8
\end{array}
\qquad
\begin{array}{c}
1 \quad 8 \\
\backslash / \\
9
\end{array}
$$

$$
\begin{array}{c}
9 \\
/ \backslash \\
2 \quad 7
\end{array}
\qquad
\begin{array}{c}
2 \quad 7 \\
\backslash / \\
9
\end{array}
$$

$$
\begin{array}{c}
9 \\
/ \backslash \\
3 \quad 6
\end{array}
\qquad
\begin{array}{c}
3 \quad 6 \\
\backslash / \\
9
\end{array}
$$

阿山眼尖，一下就看出来他们的犹豫，便说道："你们就大胆牵起手吧，牵手后再摆一摆果子，就知道自己找的好朋友对不对了，来验证一下吧！"

数字娃娃们听了阿山的话，都抢着用果子摆了起来，边摆边念叨："9可以分成1和8，1和8合起来是9；9可以分成2和7，2和7合起来是9；9可以分成3和6，3和6合起来是9。"每对数字娃娃都找对了朋友，他们高兴得鼓起了掌。

黄点点做了一个暂停的手势，补充说："今天我和大家分享的是数字的分与合，

你们都学得很快！"

数字娃娃们被夸了，又开心地说起来："9可以分成1和8，1和8合起来是9；9可以分成2和7，2和7合起来是9；9可以分成3和6，3和6合起来是9；9可以分成4和5，4和5合起来是9！"

数字娃娃0看到大家玩得那么开心，只有自己一个人孤零零地被冷落在旁边，委屈地"哇"的一声哭了起来。黄点点赶忙跑过去说："0宝贝，不要哭，你也是我们的好朋友！"他一边示意9和0牵手一边说："0和9合起来是不是9啊？"

"当然是啦！"

0找到了朋友，脸上还挂着眼泪就笑了起来，大声说道："**0和9合起来是9**！"

见0不伤心了，黄点点又问："你们想不想玩10的分与合的游戏？"

"想，想！"大家应声道。

1 9 2 8 3 7 4 6 5 5

任务一下达，粉红蚂蚁也来劲了，她主动走向前来示意大家谁和

磨砺思维的好工具——数独

数独是一种数字填空类益智游戏。将题目中的空格全部填满数字，最终使数独盘面达到每一横行、每一竖列和每一个被粗线划分出来的宫内数字都不能重复。标准数独，包括四宫、六宫、九宫数独。另外还有许多变化方式，包括不规则数独、对角线数独、五六数独、杀手数独……下面的是标准数独。

在空格内填入数字，使得每行、每列和每个宫内数字均不重复。试着填一填吧！

	1		2
3			1
	4	2	3
2			

填入1~4

4					
	3			2	
1			5		
		6			4
	5			3	
					5

填入1~6

8		3				1		
	9		6		3		8	
	3			1	7		5	
4				2	7			
	6	8				2	9	
		3	6					5
	4		9	7			3	
9		6		5		4		
	1				6			9

填入1~9

谁牵手。这不，不一会儿工夫，数字娃娃们就站好了。

阿山继续用果子帮大家验证，大家给阿山鼓掌加油。

数字娃娃们又爱上了齐声朗读："10可以分成1和9，1和9合起来是10；10可以分成2和8，2和8合起来是10；10可以分成3和7，3和7合起来是10；10可以分成4和6，4和6合起来是10；10可以分成5和5，5和5合起来是10！"

"可是，"粉红蚂蚁有点儿读得上气不接下气，她深吸一口气，说道，"那么6和4合起来是10吗？"

"当然是啦，**4和6合起来是10，6和4合起来也是10嘛**！只是交换一下位置而已！"

"我们还可以继续往下读喽？"粉红蚂蚁问。

"是的，继续往下读吧！"

"10可以分成6和4，6和4合起来是10；10可以分成7和3，7和3合起来是10；10可以分成8和2，8和2合起来是10；10可以分成9和1，9和1合起来是10！"

齐读的声音越来越响，简直就是震耳欲聋啊！

黄点点说："不仅9和10可以分与合，**其他数也可以分与合呢**，记住了这些，以后我们学习加减法就简单啦！"黄点点清楚地记得，当初爸爸教他的时候也是这么说的。

听了黄点点的建议，数字娃娃纷纷要求继续学习其他数的组成。

粉红蚂蚁说："这回由我来指挥他们站队，黄点点和阿山你们在旁边看着，如果我说错了，就告诉我。"

"我们蚂蚁王国又多了一个数学蚁神！"阿山高兴地说。

粉红蚂蚁听了别提有多激动了，手脚并用地指挥起了大家。

不一会儿就有了以下成果：

2	3	4	5	6	7	8	9	10
∧	∧	∧	∧	∧	∧	∧	∧	∧
1 1	1 2	1 3	1 4	1 5	1 6	1 7	1 8	1 9
	2 1	2 2	2 3	2 4	2 5	2 6	2 7	2 8
		3 1	3 2	3 3	3 4	3 5	3 6	3 7
			4 1	4 2	4 3	4 4	4 5	4 6
				5 1	5 2	5 3	5 4	5 5
					6 1	6 2	6 3	6 4
						7 1	7 2	7 3
							8 1	8 2
								9 1

数学小博士

名师视频课

这一天，数字娃娃们过得非常充实，他们知道了为什么黄点点那么聪明，原来他脑子里有那么有意思的数学知识！学习了数的分与合，他们知道了这是学习加减法的基础，非常激动。经过黄点点的指点，数字娃娃们还尝试了有序列举呢！在掌握了数的分与合之后，数字娃娃们希望黄点点下次还能教给他们新知识。

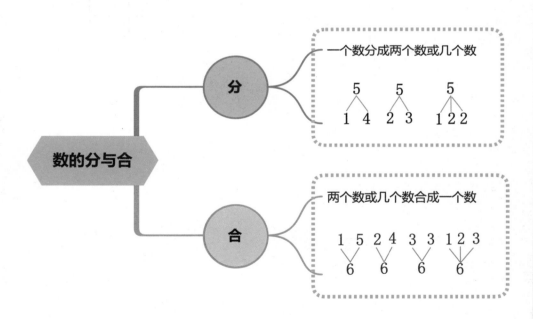

今天，阿山听黄点点讲故事，听得意犹未尽，他突发奇想，问黄点点："我们可以把一个'大数'分成两个'小数'，那能不能把一个'大数'分成三个'小数'呢？"

黄点点说："当然可以！"他从口袋里掏出 7 粒玻璃球，问："你能把这 7 粒玻璃球分成 3 份吗？"

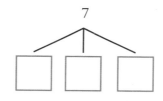

要把 7 粒玻璃球分成 3 份，可以有多种分法，要做到有序思考，举一反三。我们可以先从最小的数想起：

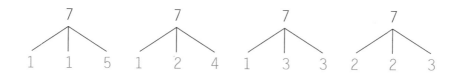

你学会了吗？

第九章

我是最佳检票员

——10 以内的加法和减法

狂欢季就快到了，蚂蚁王国超级游乐园贴出了一份招工启事，要临时招收几名超级检票员。

由于黄点点拥有数学特长，他还没去应 聘（pìn）就收到了游乐园的特别邀请。阿山也被邀请了，但他和黄点点不同，他不是超级检票员，而是志愿者，协助黄点点工作，和黄点点成为一对"超级检票员"组合。超级检票员到底是做什么的呢？黄点点一点儿也不知道。

狂欢季有一项优 惠（huì）活动：每位参与者可邀请一位好朋友，一起进行默契度测试，通过测试便可以免费获得两张游乐园入场 券（quàn）。入场券上的号码相加便是他们的分组号，有了这个分组号，便可以参加游乐园里的任何一项抽奖活动。

来游乐园的蚂蚁超级多，他们像洪水一般朝游乐园门口涌去。入门检票处稍有停顿，如洪水般的蚂蚁就会把游乐园门口堵住。检票员需要在最短时间内算出两张入场券的号码之和，并把这个和的数字告诉游客，稍慢一点儿，就会造成门口的拥堵。所以这个工作特别考验超级检票员的口算速度和准确性：速度慢了，蚂蚁就会发生大阻塞；算错了，会让蚂蚁错失获奖的机会。又快又准，这是多么大的考验呀。

黄点点和阿山需要深深地吸一口气才能让自己不那么焦虑。接了

这个重任，他们在开园前一星期就开始做准备。

"1 加 1 可不可以等于 1 呢？就像一滴水加上另一滴水会变成一大滴水一样，那 1 加 1 也可以等于 1 呀。"阿山算了一上午的数字，脑袋像发热的电脑，不关机，马上就要死机。他感觉脑袋快要罢工了，所以他问了这个问题。

"哈哈哈，阿山，你的脑袋没出问题吧？"黄点点伸手去摸，阿山的脑袋果然热得发烫，"把数字都变成水的话，就会出现 1+1=1，1+2=1，1+3=1 的结果，如果所有的数字加起来都等于 1 的话，还发明数字干什么啊，只用'一堆、一 坨、一片、一团'这些词语就可以了。"

"一堆、一坨？哈哈哈……"阿山大笑起来。

"我们先来学习加法这种运算吧！"玩笑过后，黄点点捡了几块鹅卵石，把鹅卵石摆成了两堆。

"你看，左边有几块？右边有几块？"

阿山用手指着数了数，回答道："左边有 3 块，右边有 2 块。"

1   2   3   4   5

"请睁大眼睛，我要变魔术了。请问现在鹅卵石有几块？"黄点点边说边将 2 块鹅卵石移了过去。他学着魔术师的样子，故意挡着移动的过程。

"1、2、3、4、5。"阿山用树枝点着小石头数着。

"把**左边 3 块鹅卵石和右边 2 块鹅卵石合起来是 5 块鹅卵石**，列成一个加法算式就是：3+2=5。"黄点点指着这些鹅卵石说。

"我知道了，3+2=5。"阿山兴奋地拍起了手。

古人的计数方法

结绳计数法：结绳计数法是古人在商业交易和统计数量时常用的一种计数方法。古人使用绳子，将一定数量的结合在一起，每个结代表一个数字。通过不同数量的结，古人可以表示更大的数字。

木棍计数法：古人会使用一根长木棍，将其分割成若干段，每段代表一个数字。通过不同长度的木棍组合，古人可以表示更大的数字。

石头计数法：古人会使用一定数量的石头代表特定的数字。每个石头的大小和形状不同，代表的数字也不同。

在中国古代，还有书契计数、算盘计数、"正"字计数等多种计数方法。虽然古人的计数方法与现在的计数方法不同，但这些方法都体现了人类的智慧，反映了人类对数量的认知和表达。

"别急，还有几个问题呢！"黄点点神秘一笑，接着说，"想一想，刚才你是怎样算出 3+2 这个算式的得数的？"

"我是从第一块鹅卵石开始一直数到最后一块，一共是 5 块呀！"阿山的声音萌萌的，认真又可爱。

"还有别的方法计算 3+2 等于几吗？"黄点点觉得阿山的脑袋里好像有个矿山一样，挖一挖，说不定又能挖出新宝贝来呢。

"没有了，我想不出来。"阿山摇了摇头说。

"提醒你一下，这种方法叫'**继续往下数**'！"黄点点提醒了一下。

"我只要心里记住第一个数是 3，然后继续往下数 2 个，3 接下去是 4、5，所以 3+2=5！"阿山从没发出过这么响亮的声音，他太激动了。

"你再想想还有什么办法吗？"黄点点打破砂锅问到底。

"啊，还有不同的方法？这次真的想破脑袋也想不出来了！"阿山做起了求饶状。

"那我再给你一个提醒，数的**分与合**。"黄点点看着阿山。

"3 和 2 合起来是 5，所以 3+2=5！"阿山快乐得简直要飞起来！

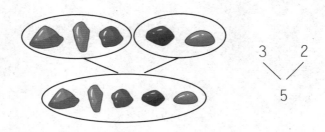

"正确！**数的合成可以帮助我们快速计算加法**，这样你就不用一个一个数了。"黄点点说。

"根据 3 和 2 合成 5，我们不仅可以计算 3+2=5，还可以计算 2+3=5，这两个算式是一对好朋友，它们的得数都是 5！"黄点点总结道。

"合成真是太赞了，这样我们就可以快速算出他们的分组号了！"阿山说着，得意极了，"3 和 4 合成 7，那么 3+4=7，4+3=7！"

"阿山，你越来越聪明了，我要送给你一个大大的奖励——一个数学法宝！"黄点点故意卖起了关子。妈妈送黄点点的小书包，真是个大宝箱，里面什么都有。

"数学法宝？这是个什么东西？"阿山的心像湖水，用手一拨动，再也没办法平静了，他急切地问道。

"请闭眼！"阿山听话地闭上了眼，嘴巴却弯成了月牙。

10 以内加法口诀表									
1+1=2									
2+1=3	1+2=3								
3+1=4	2+2=4	1+3=4							
4+1=5	3+2=5	2+3=5	1+4=5						
5+1=6	4+2=6	3+3=6	2+4=6	1+5=6					
6+1=7	5+2=7	4+3=7	3+4=7	2+5=7	1+6=7				
7+1=8	6+2=8	5+3=8	4+4=8	3+5=8	2+6=8	1+7=8			
8+1=9	7+2=9	6+3=9	5+4=9	4+5=9	3+6=9	2+7=9	1+8=9		
9+1=10	8+2=10	7+3=10	6+4=10	5+5=10	4+6=10	3+7=10	2+8=10	1+9=10	

$$3+2=5$$

加数 加号 加数 等于号 和

"请眨眼！"

阿山一眨眼，一张写满了数字的表出现在阿山眼前。

"啊，这么多加法算式！"几只蚂蚁刚好经过，兴奋地看着这些"阶梯"。

"黄点点，你是怎么把这些算式排这么整齐的？边上还有楼梯，刚好可以让我爬到顶端去。"阿山问。

"嘿，这不是楼梯，也不是我排列的。这是 10 以内**加法口诀表**，是一年级入学要用到的，妈妈送给我的生日礼物。"黄点点说。

说起这张表，黄点点秒变小老师："请看这里，加号前后的两个数称为**加数**，得数叫**和**。"黄点点刚说完，小蚂蚁们很快异口同声说了起来："加数 + 加数 = 和。"

"现在请大家横着看，你们发现了什么？"黄点点问。

"第二行，和都是 3！"

"第三行，和都是 4！"

102

"从第二行开始，**每一行中算式的和都是一样的**，下一行的和比上一行的和多 1！"

10 以内加法口诀表

1+1=2								
2+1=3	1+2=3							
3+1=4	2+2=4	1+3=4						
4+1=5	3+2=5	2+3=5	1+4=5					
5+1=6	4+2=6	3+3=6	2+4=6	1+5=6				
6+1=7	5+2=7	4+3=7	3+4=7	2+5=7	1+6=7			
7+1=8	6+2=8	5+3=8	4+4=8	3+5=8	2+6=8	1+7=8		
8+1=9	7+2=9	6+3=9	5+4=9	4+5=9	3+6=9	2+7=9	1+8=9	
9+1=10	8+2=10	7+3=10	6+4=10	5+5=10	4+6=10	3+7=10	2+8=10	1+9=10

小蚂蚁们你一言我一语地补充着，黄点点不时地点着头，他按照大家的想法，在表格上用不同的颜色标记出来。

"那竖着看呢？"黄点点的话就像指挥棒一样，引导着小蚂蚁们。

"第一列都是加 1！"

"第二列都是加 2！"

"第三列都是加 3！"

"第几列就加几！"

"竖着看，**第一个加数是一个一个增加的**！"

"和也是一个一个增加的！"

"我妈妈告诉我，可以这样说：第一个加数每次增加 1，第二个加数不变，和也每次增加 1！"小蚂蚁们听了黄点点的总结都纷纷点头。

2	3	4	5	6	7	8	9	10
⌃	⌃	⌃	⌃	⌃	⌃	⌃	⌃	⌃
1+1	1+2	1+3	1+4	1+5	1+6	1+7	1+8	1+9
	2+1	2+2	2+3	2+4	2+5	2+6	2+7	2+8
		3+1	3+2	3+3	3+4	3+5	3+6	3+7
			4+1	4+2	4+3	4+4	4+5	4+6
				5+1	5+2	5+3	5+4	5+5
					6+1	6+2	6+3	6+4
						7+1	7+2	7+3
							8+1	8+2
								9+1

（☆1 ☆2 ☆3 ☆4 ☆5 ☆6 ☆7 ☆8 ☆9）

2	3	4	5	6	7	8	9	10
1+1=2	1+2=3	1+3=4	1+4=5	1+5=6	1+6=7	1+7=8	1+8=9	1+9=10
2+1=3	2+2=4	2+3=5	2+4=6	2+5=7	2+6=8	2+7=9	2+8=10	
3+1=4	3+2=5	3+3=6	3+4=7	3+5=8	3+6=9	3+7=10		
4+1=5	4+2=6	4+3=7	4+4=8	4+5=9	4+6=10			
5+1=6	5+2=7	5+3=8	5+4=9	5+5=10				
6+1=7	6+2=8	6+3=9	6+4=10					
7+1=8	7+2=9	7+3=10						
8+1=9	8+2=10							
9+1=10								

"上小学后，需要把这 10 以内的加法口诀表记住。嘿嘿，我现在已经会背了！"黄点点得意地笑起来。

阿山听了，赶紧摇着他的小脑袋读起来："1+1=2，2+1=3，3+1=4……"他读得特别认真。

不一会儿，阿山突然站了起来。

"我发现最后一行得数都是 10！" 阿山像发现新宝贝一样高兴地说。

"说到这里，我想到了幼儿园学过的一首儿歌，我来背给你们听吧！"黄点点说完就开始给大家背诵这首《凑十歌》。

凑十歌

一九一九好朋友，

二八二八手拉手，

三七三七真亲密，

四六四六一起走，

五五凑成一双手。

　　黄点点和阿山边拍手边唱着《**凑十歌**》，好像他们就是儿歌里的那对好朋友。他们手牵着手，你望着我，我望着你，什么话也没说，只是笑，这笑是从心里荡出来的，荡在脸上，像一朵朵花开在他们红扑扑的小脸上。

数学小博士

名师视频课

一上午，黄点点带着阿山和几只小蚂蚁学会了十以内的加法，可是减法还没有学呢。黄点点有点儿着急，吃过饭，就不让阿山午睡了，在一棵大树下的阴凉里继续学习。

黄点点问："你知道减法吗？"

"当然知道！"阿山说，"就以上午你跟我讲的5块鹅卵石为例。"阿山边说边摆动着5块鹅卵石。

"一共有5块鹅卵石，被你黄点点拿走3块，还剩几块？"阿山问了起来。

"还剩2块啊！"黄点点配合着。

"这个2是怎样算出来的？不就是5-3=2嘛！"阿山在地上写了一个算式。

5-3=2

"我们下午要把所有十以内的减法口诀表都整理出来，这样可以给其他检票员一个参考。"黄点点提议道。

"这个主意太棒了，我们一起动手吧！"

没过多久，一张减法表也新鲜出炉了。

2−1=1								
3−1=2	3−2=1							
4−1=3	4−2=2	4−3=1						
5−1=4	5−2=3	5−3=2	5−4=1					
6−1=5	6−2=4	6−3=3	6−4=2	6−5=1				
7−1=6	7−2=5	7−3=4	7−4=3	7−5=2	7−6=1			
8−1=7	8−2=6	8−3=5	8−4=4	8−5=3	8−6=2	8−7=1		
9−1=8	9−2=7	9−3=6	9−4=5	9−5=4	9−6=3	9−7=2	9−8=1	
10−1=9	10−2=8	10−3=7	10−4=6	10−5=5	10−6=4	10−7=3	10−8=2	10−9=1

10 以内减法口诀表

　　为了做一名出色的检票员，阿山在黄点点的指导下学习加法和减法。黄点点推荐的"加法表""减法表""凑十歌"都是学习计算的好帮手，大家可以记一记哦！

智慧加油站

今天真是烧脑，黄点点建议找点儿休闲的事情做做。他们来到了套圈的地方，发现有很多有意思的玩具。套圈游戏的规则是每个人有两次机会，一共套中多少分，就可以换取和分值相对应的玩具。

4分

5分

3分

2分

7分

6分

如果黄点点两次都能套中，第一次套中 2 分，他最多能套中多少分？最少呢？

如果黄点点一共套中 8 分，他可能套中了哪两个不同的玩具？

温馨 小提示

求最多和求最少是我们生活中经常会遇到的情况，第一次套中 2 分，第二次套中 7 分，2+7=9（分）就是黄点点最多能套中的分数，而最少就是 2+2=4（分）。

如果一共套中 8 分，而且是套中了两个不同的玩具，所以可能是：

2+6=8（分），套中了小熊和陀螺。

3+5=8（分），套中了木质汽车和火车模型。

第十章

超级检票员大考验

——20 以内的进位加法

周日一早，活动就要开始了，黄点点和阿山飞快地奔向了游乐园。

此时的游乐园门口，已经站满了密密麻麻的"小黑点"，这个狂欢季的优惠实在是太大了，能免费，还能抽奖，谁不喜欢呢。

这时，只听游乐园里广播响起："请全体检票员迅速就位！请全体检票员迅速就位！"

这哪儿是广播呀，简直就是黄点点和阿山的催促闹钟呀。他们听了，一头钻进蚂蚁群里："不好意思，请让一让！"他们不停地喊着，

好不容易才赶到了检票口。

　　黄点点和阿山负责最后一个检票口的检票工作。工作内容他们早就背熟了：要把两张入园券上的号码加起来，作为抽奖号码。

　　当第一对免费入场的蚂蚁小朋友把入场券交给阿山时，阿山就傻眼了，他立即向黄点点求助："黄点点，**9+2 是多少**？"

　　前几天他们训练的都是 10 以内的加减法，可没想到今天来的小蚂蚁这么多，超出了 10，这太意外了！

　　阿山本以为 9+2 是一个意外，可万万没想到，意外从来不是一个，可能是一长串。

　　8+7，9+5……阿山的脑袋彻底死机了！

　　"别着急，我来告诉你怎么应对。"黄点点安慰阿山。

　　"前几天我们学过 10 以内的，9+1、8+2、7+3、6+4、5+5 你都会

算了吧？"黄点点问。

"那当然，它们加起来都是 10。《凑十歌》我可是背得滚瓜烂熟！"说到凑 10，阿山刚才碎成一地的信心有点儿被找了回来。

"这就好办了。现在我们要算 9+2，我们已经知道 9+1=10 了，只要想 2 比 1 多 1，那么 9+2 的得数就要比 9+1 的得数 10 多 1，也就是 11。我们把这种方法称为**凑十法**。"

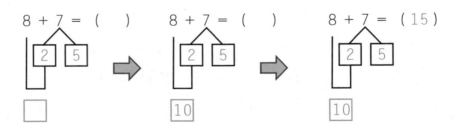

"还是凑十法，稍稍加一点点就好了。如果算 8+7，我只要把 7 分成 2 和 5，8+7 的得数比 8+2 多 5，就是 15！"阿山真聪明，一学就会，一点就通，很快就能举一反三，列举了很多。

8 + 7 = （ ）	8 + 7 = （ ）	8 + 7 = （15）

"对，像这种 20 以内的加法，用这个方法很灵的，甚至更大的数相加也不怕。"

"嗯，我要当个最优秀的检票员！"20以内的加法阿山也能算了，现在的他又信心满满了。他开心地举起自己的手，手里拿着门票摇晃，好像是在向所有蚂蚁宣告，自己已经成为最优秀的检票员。

"如果游乐园评比最优秀的检票员，你一定是那个得奖的人。"黄点点没有开玩笑，他很认真地说。

"哈哈哈，你别笑话我了！"阿山不好意思地笑起来。

"听好了：6+9等于多少？"

"15！"

"7+4等于多少？"

"11！"

......

一人念数，一人算数，黄点点和阿山配合得非常默契，他们这边的小蚂蚁不用排队，不用等候，很快就检票入园了。检票员的工作虽然忙碌、辛苦，但也很有趣啊。每一组数都是突然出现的，像盲盒一样，不打开谁也不知道是什么，神秘又具有挑战性。阿山和黄点点像

玩魔法大挑战游戏一样,每一个组合都是一个挑战,每次挑战成功,就觉得自己的魔法力又提高了,能力不断提高,所得到的魔法能量就越多。这个能力就是他们口算的能力。

中午休息的时候,黄点点从书包里拿出一张表格对阿山说:"这是一张非常神奇的表格,你能标出**横排和竖排上的数字相加等于 10的格子**吗?"

"这个我得想一想。"阿山托起了下巴,摆出一副思索状。

阿山一边想一边拿起旁边桌子上的动物标签,嘴巴里嘟囔着:"9+1=10,8+2=10,7+3=10……"

阿山摆着摆着,突然喊了起来:"**这一斜排的得数都是 10**!"

9	🐰								
8		🐰							
7			🐰						
6				🐰					
5					🐰				
4						🐰			
3							🐰		
2								🐰	
1									🐰
+	1	2	3	4	5	6	7	8	9

"真是了不起的发现啊!"黄点点给阿山点赞,"那你再算算这一斜排的得数呢!"

阿山拿起手边的水彩笔,继续在表格上写着、画着,又一个天大的秘密被阿山发现了:这一斜排的得数都是 11!

这下,阿山来劲了,他问黄点点:"会不会有一斜排的得数都是 12、13、14、15……呢?"

"试一试不就知道了?"黄点点神秘地一笑,当初爸爸也是这样有耐心地一步步地陪着他玩游戏的。

果不其然,更多的秘密被阿山一一发现了,他把这张表格写得满满的!

9	🐰	11	12	13	14	15	16	17	18
8	9	🐰	11	12	13	14	15	16	17
7	8	9	🐰	11	12	13	14	15	16
6	7	8	9	🐰	11	12	13	14	15
5	6	7	8	9	🐰	11	12	13	14
4	5	6	7	8	9	🐰	11	12	13
3	4	5	6	7	8	9	🐰	11	12
2	3	4	5	6	7	8	9	🐰	11
1	2	3	4	5	6	7	8	9	🐰
+	1	2	3	4	5	6	7	8	9

中国古代的计算神器——算筹

用算筹表示数，有纵式和横式两种形式。

横式 ▬ ▬ ▬ ▬ ▬ ⊥ ⊥ ⊥ ⊥
    1 2 3 4 5 6 7 8 9

纵式 ▌ ▌▌ ▌▌▌ ▌▌▌▌ ▌▌▌▌▌ T TT TTT TTTT
    1 2 3 4 5 6 7 8 9

从右往左，用纵横交错的方式计数，比如627和2023像下面这样表示：

T = TT   =   = ▌▌▌

6 2 7   2 0 2 3

纵式 横式 纵式   横式   横式 纵式

用纵横两种形式交替表示的智慧体现在：如果遇到两个纵式连在一起，或者两个横式连在一起，就说明其中应该有一个空位，就是0，这样可以大大提高计数的准确率。

阿山不知不觉把所有 10 以内的加法都算了一遍，还把 20 以内的进位加法也学会了。

黄点点的嘴巴简直就是个金嘴巴，说什么就成什么。组委会真的给阿山 颁 发了"最佳检票员"奖。阿山和黄点点还获得了"最佳默契组合"奖！真是喜上加喜，双喜临门呀，黄点点和阿山太开心啦！

又是非常充实和有趣的一天！

数学小博士

名师视频课

　　为了做好游乐园的检票员，黄点点和阿山一起努力学习加法。在遇到加数比较大的情况下，黄点点临危不慌，把凑十法教给了阿山。凑十法可是计算加法的一大妙招，有了这个妙招，他们不但顺利完成了任务，还获得了奖励。

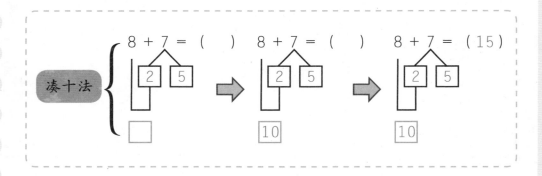

回家后，黄点点又想考考阿山："下面的数阵，接下去你能填吗？"

"当然会啦！"阿山一口气往下填出好多呢！

小朋友，你能继续往下填吗？

```
              1
            1   1
          1   2   1
        1   3   3   1
      1   4   6   4   1
    1   5   10  10  5   1
    ……
```

温馨小提示

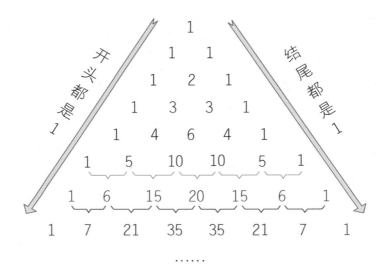

尾声

在蚂蚁王国，黄点点和阿山是形影不离的好朋友。他们脑袋里想的都是数学问题，常常为学到更多的数学知识而欢喜。

黄点点说："阿山，你已经不是原来那个阿山，你身上发生了巨大的改变，你发现了吗？"

阿山回答："原来我很胆小，因为我知道的太少了。现在，我不胆小了，遇到不会的难题我也不怕了，遇到难题我可以跟着你学习，不断地学习会让我成为一只本领巨大的蚂蚁！"

"我有个主意，为了祝贺你即将成为本领巨大的蚂蚁，阿山，我们重游一下我们第一次见面的游乐园吧！"黄点点开心地说。

"好啊，择日不如撞日，我们现在就出发吧！"阿山开心极了。

他们很快就来到了初次见面的地方，"超级游乐园"五个醒目的大字映入眼帘。门口的检票员用专属印章在他们手背上盖了一个

章，是一只很可爱的蚂蚁图标。

他们蹦蹦跳跳地跑进了游乐园。

第一个项目，阿山选择的是云霄飞车，黄点点有点儿害怕，全程紧紧闭着眼睛。当飞车驶入最高点的时候，他感觉自己像被抛了起来，头脑一片空白，眼前白茫茫一片。

也不知道过了多久，一束刺眼的亮光惊醒了黄点点，原来是妈妈打开了灯，那亮光像一条摸不着的线把黄点点从蚂蚁王国那边给拉了回来。坐在蛋糕前，屋里亮堂堂一片，耳边还传来了熟悉的小伙伴们的欢笑声。

"黄点点，你许了什么愿望？"

黄点点瞪大眼睛，发现自己已经从蚂蚁王国回到了现实世界。

难道刚刚只是一场梦？不小心睡着了？可是当他抬起手臂时，发现上面有一个熟悉的蚂蚁印章。"原来梦想成真了呀，多学本领还真有用处，不仅能帮助别人解决困难，还可以结交更多的朋友。"黄点点自言自语着，伙伴们有点儿听不懂，纷纷催促他说："你到底许了什么愿望嘛，快说给大家听听！"

"我许的愿望是：我要做一个数学小博士，我要到动物王国冒险，为动物们排忧解难！"

你觉得黄点点这个愿望会实现吗？